Deepen Your Mind

Deepen Your Mind

作者序

對於工程師而言，最享受的一件事情莫過於任職在一個優良軟體開發文化的團隊：成員願意放開心胸討論目前工作流程有什麼不好的地方，不避諱討論自身的缺點，提供建設性的回饋讓團隊進步，重視團隊產出與提供其他部門更多的價值。維持優良軟體開發文化並不容易，除了需要好的工作流程與 Growth Mindset，妥善的基礎設施也是重要的關鍵。

GitHub 不僅僅是一個原始碼代管平台，它擁有開發團隊所需要的協作模式與基礎設施，從問題追蹤、程式碼審核、持續整合、資訊安全至版本交付，功能一應俱全。其功能設計與工作流程符合現代化軟體開發需求 (版本管理、自動化工作流程與安全測試左移)，即便是初階工程師，也能藉由 GitHub 上的操作建立良好的開發習慣與心態。相較於市面上其他 DevOps 工具，GitHub 擁有更完善的資源與更低的維護成本，是最適合作為優良開發文化團隊的基礎設施。

GitHub 作為全世界最大的開放原始碼社群，是人類技術進步的搖籃。您能在此平台與其他技術人員建立聯繫並進行交流，檢視大量的儲存庫並參與公開專案累積經驗，更可以盡一己之力貢獻開放原始碼專案，為全世界的人們解決問題。

本書最大的目的在於讓讀者理解現代化軟體開發流程並建立良好的開發習慣。未來無論身處任何開發團隊或使用不同的基礎設施，皆有能力協助團隊提供更多價值。本書將介紹 GitHub 常見功能與提供最佳實踐建議，並透過 GitHub Action 實作 ASP.NET 與 ASP.NET Core 持續整合與持續交付，最終加入程式碼與秘密掃描以提升軟體安全性，讓讀者完整體驗現代化軟體開發流程。

謝政廷 (Duran Hsieh)

Microsoft 客戶工程師

Study4TW 社群成員

Google Developer Group Taichung 共同創辦人

推薦序 1

Git 對於軟體工程師是必備技能，就其他職位而言，只要有牽扯檔案多次異動，「版本控制」概念也不可沒有，畢竟大家都不希望浪費時間在檔案遺失或錯誤的修改上。Github 身為全球最大的協作合作平台，功能也越來越多，本書由淺入深，從 Github 平台基礎功能到實務的需求管理 / 整合 / 發行應用程式，一條龍式的介紹，相信會是一個很好全貌理解實踐 DevOps 的入門書。

認識 Duran 多年，他具備各大企業顧問經驗，提出很多解決方案解決商業問題，與他交流技術，總是一句「我這邊有類似的簡報，有提到這些事」，就好像一個活字典一樣，將複雜的事情，收斂成淺顯易懂的內容。Duran 也不停地貢獻技術社群，一直佩服他不停的增進自我，保持新技術的敏感度，對於讀者而言，相信遇到問題，他也會一樣很熱心地回答解惑！

商業思維學院技術長
Study4 核心成員 - Kyle Shen

推薦序 2

每天早上送小孩上學之後,返回工作崗位的路上,往往會在便利商店買杯咖啡醒醒腦,看著店員技巧熟練的製作咖啡,還能迅速處理下一個客人的結帳、繳費、加熱食物的需求,讓人覺得便利商店的店員真的是十八般武藝。現在的軟體開發工程師好像也是如此。

2015 年的時候,我在開發企業內部應用系統的同時,為了擺脫過去使用壓縮檔的版本控制,開始在公司內部推廣 Git 這套版本控制工具,深深地認為,所有的開發人員都應該掌握好版本控制的技能,並將其視為一個基礎能力,況且企業想要讓團隊中的成員,協同合作的開發系統,這項版本控制技術絕對是必要的。在幾次推廣之後,企業內開始需要一個管理平台來存放各種系統專案的原始程式碼,當時 GitHub、GitLab 以及 Team Foundation Service 就是幾個主要的考量對象,其中 GitHub 就是開放原始碼世界中的首選平台。

有此一說:身為軟體開發工程師,你可以沒有 Facebook,但不能沒有 GitHub。如果 Git 給予軟體開發工程師版本控制的能力,那麼 GitHub 則帶領你遨遊開源世界的美麗。

GitHub 除了是程式碼存放的管理平台,同時也提供 DevOps 開發流程中所需要的必要功能,開發分支的管理策略、需求討論與管理、自動化建置及部屬流程、發行檔管理,甚至提供了程式碼安全性掃描的服務,GitHub 可說是一應具全。在這本書中不僅可以學習到 GitHub 所提供的各項功能特性,更可以在跟著這本書探索 GitHub 的同時,磨練好軟體開發工程師的基本功,並為邁向現代化開發做好準備。

Poy Chang
Study4.TW 核心成員
微軟最有價值專家(MVP)

推薦序 3

如果要說近十年來，對於程式開發影響最大的十項技術或是服務，GitHub 一定名列前茅。早年企業開發應用系統的時候，開發團隊、測試團隊跟 IT 團隊各司其職，在雲端服務還不像現在這樣普及的年代，為了確保系統的成功，開發流程中的每一道關卡，都必須要完整的被設計跟規劃之後，才開始投資源。不但專案的時間拉長，同時容易因為本位主義而導致穀倉效應。

然而隨著雲端服務以及精實創業的發展，應用系統的開發方式轉向了敏捷開發，開發人員尋求的是可以快速迭代，快速學習的做法，而傳統透過 Repository 做版控，在不同團隊之前分享程式，已經不能滿足現代化應用程式的需要，於是各種不同支援開發人員協同合作的工具應運而生，同時程式開發也走向了開源的時代。而 GitHub 提供完整的 CI/CD 環境，讓任何開發人員都可以很容易的透過雲端分享與貢獻程式碼，自然成為了全世界最大的開源社群與原始碼管理平台。

由於有越來越多的企業開始擁抱雲端，GitHub 也被開發人員導入到企業中使用。為了協助開發人員可以更容易維護程式碼的品質，同時滿足企業在程式碼安全方面的需求，GitHub 也開始利用人工智慧，陸續加入自動化的找出程式碼的漏洞，以及與測試工具整合等等功能。Duran 多年來協助微軟大型企業客戶導入 DevOps 以及應用程式現代化，與不同客戶的團隊合作，累積了許多 GitHub 在企業端的成功經驗。透過這一本書的問世，相信能幫助更多企業中的開發團隊快速了解如何使用 GitHub 協同合作，以及 CI/CD 的最佳實踐。

台灣微軟 客戶成功事業群副總經理

張書源 John Chang

推薦序 4

版本控制是軟體開發一切的基石，也是所有工程師所需要具備的技能之一。
而作為目前最廣泛使用的版本控制 git 就變得很重要。作為現代工程師，如
果不會 git，往小的說自己沒有辦法記錄自己的開發過程和與其他工程師協
作，往大一點說，想要達到像是 DevOps 這種快速開發、迭代的方式基本上
沒辦法（或者很困難）做到。

也正是因為 git 如此重要，我多次團隊的訓練課程或者 DevOps 相關教學都
花了很大一塊時間在 git 的內容上面。git 只是作為基石，而把 git 發揚光大
的則是 GitHub。也是由於 GitHub 的出現，才讓大家發現原來可以做到這
麼多事情，進而才能夠讓像是 DevOps、 Continuous Integration （CI）、
Continuous Delivery (CD) 、Code Review (透 過 Pull Request) 等這些現代
化開發才有可能實現，並且整個 Open Source Community 才有辦法這麼活
躍，因為大家發現使用它來貢獻程式碼實在是太容易和方便。

如果你是一個新進的工程師，那麼這本書可以很好的帶領大家了解怎麼用
git，並且了解到搭配上 GitHub 可以做到什麼樣的事情，以此能夠更加的容
易融入到開發團隊，或者更好的展現個人的技術能力（有 GitHub 的貢獻是
最容易呈現技術能力的方式）。

如果你是一個有經驗的工程師，那麼這本書可以讓你知道一個合格的 git
相關工具要能夠做到什麼事情。例如，怎麼做好分支管理，怎麼做到 Pull
Request 以及像是 CI、CD 等。就算如果今天團隊不是使用 GitHub，但是
裡面的概念都適用於其他的工具。如果，你正在用的工具沒有這些概念，
那正好可以知道一個好的工具可以做到什麼，讓你可以使用現代化開發流
程。學好 git 以及對應工具能夠做到的事情，是每一個工程師會需要知道的
知識，甚至今天非工程師要能夠做好重要文件版本控制也是一樣的概念，

而 git 以及 GitHub 可以讓大家做到這件事。孔子曾經說過「不學詩，無以言」某種程度來說，對於 git 工具的使用於工程師來說也是如此。如果不知道可以從那邊下手學習，或者想要比較系統性的學習相關知識，那麼本書將會是大家最好的參考資料之一。

Study4TW 成員

蔡孟玹 Alan Tsai

目 錄

9

Chapter 4
▶ GitHub 與 DevOps

Chapter 5
▶ GitHub 持續整合與持續佈署

Chapter 6
▶ **GitHub 安全管理**

Chapter 7
▶ **GitHub 多元應用**

## Chapter 1

動手學 GitHub!
現代人不能不知道的
協同合作平台

過去在技術社群交流時，經常發現許多人無法分辨 Git 與 GitHub 之間的差異，甚至受到錯誤資訊誤導認為 Git 等同於 GitHub，進而出現溝通上的問題。Git 與 GitHub 為現代化程式開發最重要的軟體與管理服務，前者為分散式版本控制的軟體，後者則是以 Git 作為版本控制之原始碼代管服務平台。

GitHub 不僅僅只有儲存庫 (Repository) 功能，它提供許多現代化軟體開發所需的服務與工作流程，使用者與團隊可以透過 GitHub 平台上進行建置、交付與維護工作。GitHub 是全世界最大的技術社群，您能與志同道合的人們建立聯繫並進行交流，從中取得最新的知識與累積經驗。您也能參與開放原始碼專案，盡一己之力提交貢獻，進而解決全世界人們的問題。

GitHub 為什麼對於現代開發者如此重要？主要在於 GitHub 所提供的功能與工作流程具有許多現代開發者必須具備的軟體開發概念，如：版本管理機制、自動化工作、持續整合、部署策略、軟體漏洞回報流程、安全測試左移…等。精通 GitHub 功能的開發人員其生產力與程式碼品質也優於多數的傳統開發人員。

GitHub 允許所有人檢視公開 Repository 與下載其原始程式碼，但僅有已註冊的使用者才能參與討論與提交貢獻。GitHub 提供社群互動功能讓使用者對於有興趣的 Repository 以追蹤 (Watch)、喜愛 (Star) 與討論 (Comment) 的方式進交流。您可以使用復刻 (Fork Repository) 功能，在不影響既有專案情況下參與開發工作，成為專案貢獻者之一。

▲ GitHub 社群功能

許多國際企業與知名開發團隊將 GitHub 的使用者資訊 (User Profile) 列為招募加分項目或依據，甚至要求以此作為主要履歷進行審核。個人資訊提供豐富的儀表板與活動統計資料，可以檢視該使用者的 Repository、參與哪些專案、提交貢獻次數、程式碼風格、審核程式碼數量與提出解決方案內容，忠實的呈現該使用者工作能力。即使您可能不是來自一流大學或資訊相關科系，若擁有豐富的 GitHub 個人資料，仍有很高的機會被錄用。

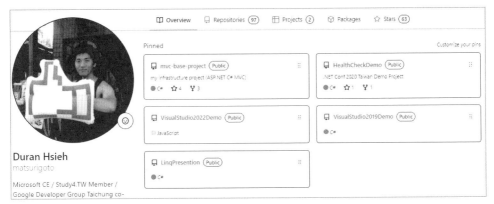

▲ 個人資料上呈現特定的 Repository

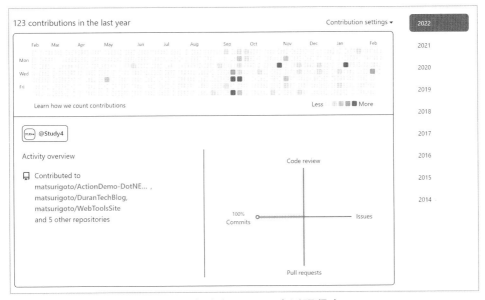

▲ 呈現個人在 GitHub 上活躍程度

GitHub 免費支援無限數量 Public/Private Repository，並提供議題討論 (Issue)、專案管理 (Project)、持續整合與佈署 (GitHub Action)、專案知識共享 (Wiki)、社群討論 (Discussion)、版本交付 (Release)…等專案管理相關功

能。在專案初期或概念性驗證期間使用 GitHub 可以讓開發人員專注於開發，無須花費額外心力維護這些專案管理的基礎設施。

Tip: Public Repository 允許網際網路上每個人都可以檢視；Private Repository 只允許您與您明確指定共享權限的成員才得以檢視。

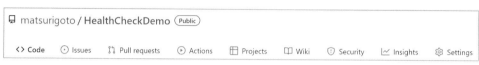

▲ GitHub 不僅僅代管原始碼，也提供專案管理多項功能

在文件撰寫與評論功能，GitHub 採用 Markdown 編輯器。Markdown 為輕量級標記語言，允許使用者以純文字格式方式撰寫文件，具有容易閱讀與容易撰寫的特性。創作者完成編輯後，Markdown 語言將轉譯成有效的 HTML 文件，讓讀者可以透過瀏覽器進行閱讀，是目前非常普遍用來撰寫文件的方式。GitHub 統一使用 Markdown 可以讓專案內文件格式保持一致，團隊成員不需要花費額外心力學習多種的文件撰寫方式 (如 Word、Excel、PowerPoint 或以程式語言方式撰寫文件)。

▲ GitHub 使用 Markdown 編輯器，可以在編輯同時預覽呈現效果

除此之外，GitHub 內建許多開發相關功能，像是包含超過 200 種不同程式語言語法突顯 (Highlight Syntax) 效果，讓開發人員在 GitHub 平台上更容易閱讀程式碼，加速程式碼審核速度。

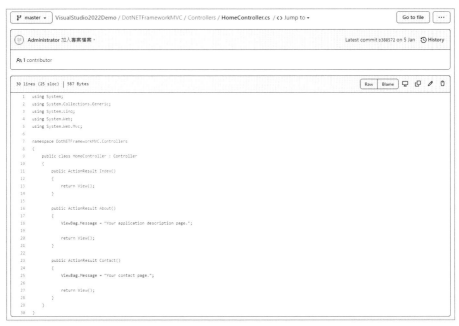

▲ GitHub 上語法突顯效果 - 以 C# 為例

在軟體部署方面，GitHub Action 與 Azure、AWS 與 Google⋯等多數知名雲端服務平台有高度整合，讓已經使用雲端服務的維運團隊可以輕鬆的建立部署流程，大幅降低人力與時間成本。

▲ GitHub Action 與多數雲端服務平台有高度整合

▶ 全世界最大的原始碼管理平台與開放原始碼社群

GitHub 是世界上最大的程式碼管理平台。數以百萬的開發人員與組織透過此平台建立、交付與維護他們的軟體。您能在 GitHub …

1. 檢視公開軟體套件內程式碼，理解邏輯並正確使用

2. 參與開放原始碼專案，為全世界軟體技術盡一份力

3. 其他開發者建立聯繫並進行互動，提升自身技術能力

4. 搜尋方便的套件與相關資源加速軟體開發

5. 大量閱讀程式碼提升自身技術能力

開放原始碼是推動世界軟體技術的基石，透過各地開發人員參與討論、提出建議與提交貢獻，加速其發展以提升大眾福祉。也因為任何人皆可檢視，其透明度也可接受大眾公評。GitHub 可以稱為近年來開源專案的搖籃，幾乎所有的開放原始碼項目皆使用 GitHub 進行管理，也因此大量開放原始碼專案在此孕育。其平台特性符合開放原始碼專案需求，讓與會者可以更容易的為開放原始碼提交貢獻。

▲ GitHub 是世界上最大的開放原始碼社群

也因為為全世界最大的開放原始碼社群，GitHub 更專注於開放原始碼專案安全。對於 Public Repository 提供免費程式碼掃描與秘密掃描服務，並引導 Repository 擁有者建立漏洞回報機制、安全版本支援公告，並於資安漏洞未公開前提供專屬的 Private Repository，讓相關人員盡早進行修復作業。有別於市面上其他 DevOps 服務，GitHub 可以說是最注重軟體資訊安全與主動進行安全測試左移的服務平台。

▶ GitHub 如何實現現代化應用程式開發

GitHub 不僅僅是一個程式碼代管平台，它提供開發團隊輕量級開發流程：GitHub Flow，讓開發人員可以提交變更內容與對進行嚴謹審核，並在合併前進行部署與測試，確保每一次變更皆不影響品質。除此之外，任何人皆可以透過復刻 (Fork) 與拉取請求 (Pull Request) 機制，對 Public Repository 新功能或既有問題提交程式碼，盡一己之力貢獻於開放原始碼專案，進而幫助全世界的人們解決問題，促進軟體技術的發展。

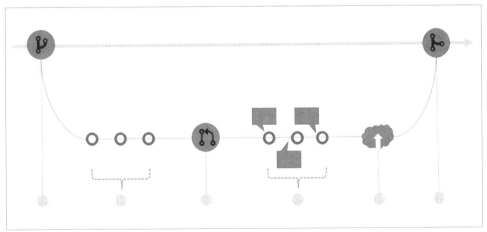

▲ GitHub Flow 包含建立分支、提交變更、拉取請求、程式碼審核、合併前部署與合併六個階段

▶ **GitHub 相關服務與費用**

GitHub 有三種使用方案，分別為 Free、Team 與 Enterprise。無論您選擇哪一種方案，皆可以享有無限數量 Public/Private Repository、免費持續整合與持續部署使用時數與免費的 Package Storage 容量。在專案初始階段，開發團隊可以選擇 Free 使用方案。無論是進行 Proof of Concept 或開發 Minimum Viable Product，透過免費的使用時數與儲存容量，讓產品在開發初期能迅速茁壯並進行驗證。建立 Repository 不需要經過繁複安裝或設定流程，讓開發人員更可以專注於開發工作，而無須花費心力在基礎設施維護上。當產品發展至一定的規模，您可以進一步選擇 Team 與 Enterprise 方案，取得更方便且更安全的功能，以滿足業務與開發團隊的需求。

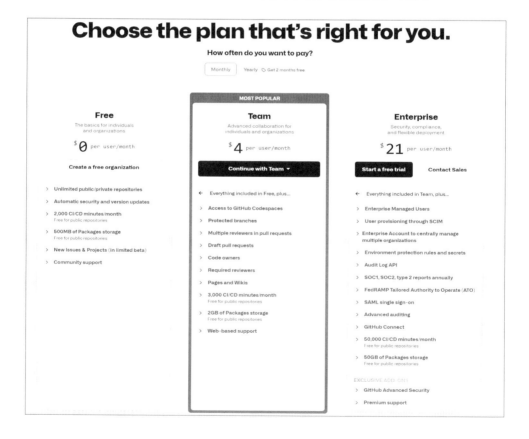

若開發團隊相當注重資訊安全與程式碼品質，Team 方案是不錯的選擇。每一個月成本約 4 美金，即可享有分支保護、單一 Pull Request 允許多個審閱者、靜態網頁 (GitHub Page) 與文件管理 (Wiki)…等功能，可以大幅提升團隊協作效率與軟體交付品質。Enterprise 方案提供企業所需要功能與安全認證，包含單一登入 (SAML single sing-on)、提供稽核 API、進階稽核功能、管理多個組織與內部使用者…等，以滿足企業數位轉型之需求。

GitHub 對於開放原始碼項目相當友善，只要您的 Repository 類型為 Public，將提供無使用時間限制的 CI/CD、無容量限制的 Package Storage、程式碼漏洞掃描與秘密掃描，讓開發團隊在發展公開項目時可以無後顧之憂。

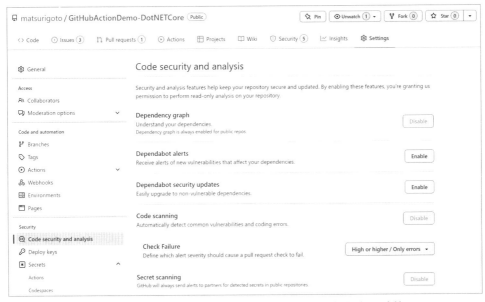

▲ Public Repository 可以免費使用 GitHub 進階安全功能

▶ 註冊 GitHub 帳號

在這個章節，我們將開始註冊 GitHub 帳號。(若您已經擁有帳號，可以跳至下一個章節：為您的帳號啟用雙因子驗證)

步驟 1.　於瀏覽器開啟 GitHub 網站 (https://github.com/)，於畫面中間輸入框輸入註冊 Email，並點選 Sign up for GitHub 按鈕。

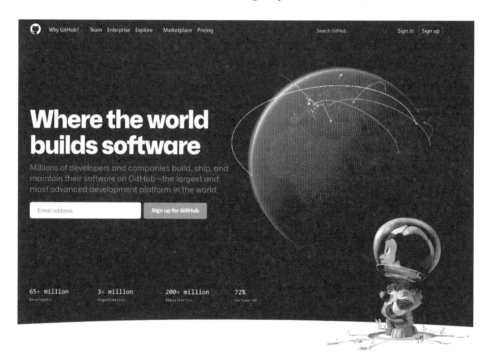

步驟 2.　確認您的 Email 信箱，點選 Continue 按鈕

步驟 3. 輸入密碼，點選 Continue 按鈕

步驟 4. 輸入使者名稱，點選 Continue 按鈕

步驟 5. 詢問是否收到產品資訊？y 表示 yes；n 表示 no

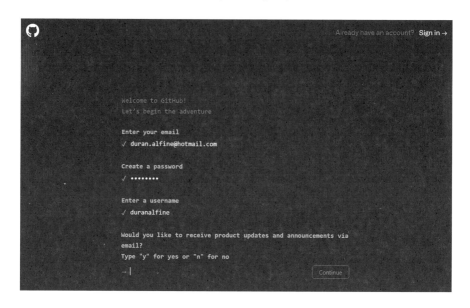

步驟 6. 通過機器人驗證後，點選下方 Create account 按鈕即可建立帳號

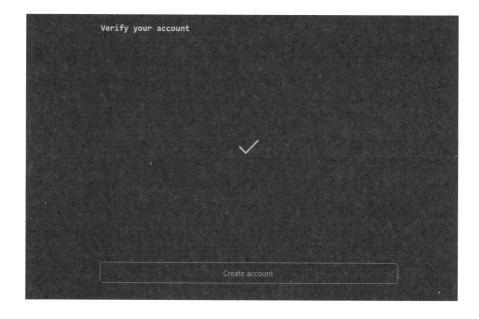

步驟 7. 信箱驗證：到註冊信箱收電子郵件，輸入信件中的 launch code

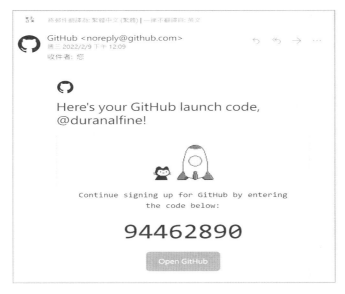

步驟 8. 看見歡迎頁面即表示完成註冊 (可以選擇性回答上面的問題，並欣賞開場特效)

▶ 為您的帳號啟用雙因子驗證

無論使用哪一種線上服務，一旦您的帳戶被竊取並遭到惡意修改資料，往往難以取回。為了避免日後心血毀於一旦，或帳號被用於違法行為造成自身權益受損，我們強烈建議在註冊 GitHub 帳號啟用雙因子驗證，以確保您的帳戶安全。

雙因子驗證 (Two-factor authentication) 是一種存取服務前的驗證授權機制，使用者必須通過兩階段的驗證 (如：手機應用程式、簡訊或電子郵件驗證機制)，才得以使用服務與存取資源。下列是常見的雙因子驗證情境：

1. 登入 GitHub 服務時，需要透過**手機應用程式** Microsoft Authenticator Application 取得驗證密碼

2. 使用網路銀行進行轉帳，需要透過**簡訊**收取一次性密碼

3. 登入遊戲平台，需透過**電子郵件**收取驗證碼

GitHub 提供的雙因子驗證機制如下：

驗證方式	說明	備註
簡訊 (SMS)	透過簡訊方式取得驗證碼	有安全疑慮
Time-based one-time password (TOTP)	透過手機驗證應用程式取得驗證碼	推薦
Security Key	適用於支援 WebAuth 硬體設備	

接下來，我們介紹如何啟用 GitHub TOTP 雙因子驗證。

步驟 1. 安裝 Microsoft Authenticator：在您的手機開啟 Apple Store 或 Google Play 搜尋 Microsoft Authenticator，並進行下載

步驟 **2.** 點選右上角個人頭像，點選 Settings

步驟 **3.** 點選左側選單內 Account Security，點選畫面最下方 Enable Two-factor authentication 按鈕

步驟 4. 輸入個人密碼進行確認

Tips: GitHub 內的重要設定，皆需要再次輸入密碼進行確認

步驟 5. 如前文提到，您可以選擇透過 App 或 SMS 方式進行二次驗證。我們選擇使用 Set up using an app，點選 Continue 按鈕

步驟 6. 網頁上會產生 QR Code 讓驗證 App 進行設定。在這個步驟,我們會需要步驟 1 安裝在手機上的 Microsoft Authenticator App。

步驟 7. 開啟 Microsoft Authenticator 後,點選右上角 + 按鈕

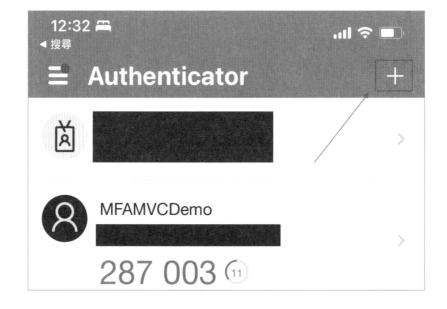

步驟 8. 選擇其他 (Google、Facebook 等)，應用程式會開啟相機進行掃描，掃描步驟 6 網頁產生的 QR Code 即可

步驟 9. 完成掃描，即可看見 GitHub 的驗證碼 (驗證碼會隨時間變更，二階段驗證時必須在時間內輸入驗證碼)

步驟 10. 最後一個步驟：儲存您的恢復代碼 (Recovery Codes)。若你日後更換手機，重新安裝 Microsoft Authenticator App，您會需要恢復代碼恢復驗證程序。建議您可以透過安全密碼管理機制儲存此恢復代碼。

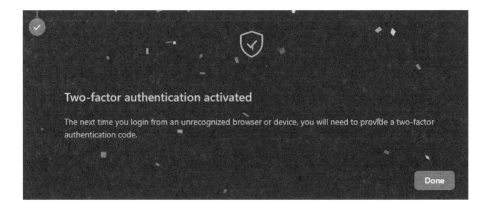

步驟 11. 點選 I have saved my recovery codes 後，即可看見完成畫面

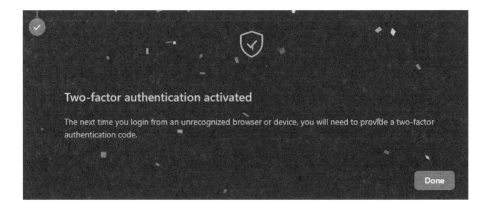

最後，你可以開啟瀏覽器以無痕模式登入 GitHub 進行測試。當您輸入帳號密碼後，仍需要輸入 6 位代碼進行驗證。開啟你的手機驗證應用程式 Microsoft authenticator app，輸入內部呈現的 GitHub 驗證碼，即可完成登入。

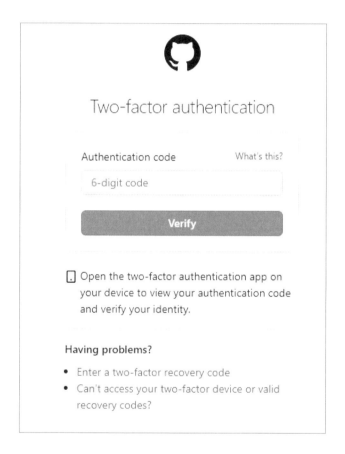

Chapter **2**

Git 基礎入門

▶ 什麼是 Git? 為什麼要學 Git

Git 是一套分散式版本控制軟體,用於管理文件或程式碼內容,確定團隊成員協作時取得是一致的內容,並可以追蹤變更過程。版本管理可以包含不同類型的文件,但一般情況不建議提交 Binary 檔案。主要原因在於文本可以被追蹤變更紀錄,而 Binary 檔案不行。另一方面,這些檔案比起純文字檔案大得多,除了讓 Repository 容量變大,在切換分支或複製儲存庫會變得緩慢。

許多人會認為好好的寫文件並自動版號,為什麼需要額外一套系統來管理文件版本呢?理論上,版本是一直往前走,每一次的修改都應該讓產品更好更完善。但實際上在版本管理產品尚未問世之前,開發過程中可能會遇到各種來回修改與團隊協作的衝突,像是:

1. 準備開始下一個開發週期的新功能,但不影響目前週期開發工作,該怎麼處理?

2. 某次更新意外造成系統維運問題,團隊有辦法快速恢復正確的版本,降低服務停擺所造成的傷害嗎?

3. 開發工作尚未完成,臨時被要求馬上解決某個 Bug,您有辦法快速切換進行處理,並且保留尚未完成的新功能嗎?

4. 團隊成員共同開發相關的功能,會修改相同程式碼,您能避免不會彼此影響嗎?

5. 程式碼出現問題或不符需求,您能否想起 3 個月前程式碼內容,確認當時需求並正確的修復程式?

Git 就是那台神奇的時光機器!除了可以檢視過去變更,也不會影響未來工作。在過往黑暗時代透過檔案與版號進行控制,需要相當多的人力維護程式碼,也經常發生因為人為疏失佈署錯誤版本,而導致維運停擺的情況發生,也因為如此,過往團隊要成為大型專案並不容易。在現代化應用程式開發,分散式版本管理是重要且必要的基礎設施。

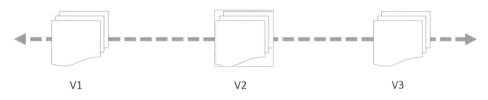

▲ 版本管理系統可以讓您隨時切換版本與檢視更改紀錄

版本控制軟體在發展初期多為集中式，透過一個遠端中心伺服器集中管理，每次修改文件時，皆需要從伺服器將檔案簽出 (checkout)，修改完成後再將檔案簽入 (checkin)。所有檔案紀錄由中心伺服器進行管理，以維持團隊使用一致的程式碼與確保版本正確性。早期的集中式版本管理的缺點在於：

1. 文件儲存於遠端伺服器，一旦失去網路連線，將無法使用簽出、簽入、還原、檢視更改紀錄…等版本控制相關功能。

2. 無法擁有完整隔離的開發環境，當團隊協作時容易造成衝突，開發人員花費大量時間解決衝突的程式碼。

3. 承上，團隊協作可能發生互相等待情況：等待前一位開發人員完成修復工作後，才能進行後續其他開發工作。

4. 因應測試需求之多環境 (Dev、UAT、Prod)，集中式版本管理可能需要較多的儲存庫或人力才能達成，必須仰賴團隊制定標準流程進行。

5. 若沒有其他備份，遠端伺服器若發生毀損且無法復原之災難，所有紀錄可能隨之消失。

何謂『分散式』版本控制軟體？它提供軟體開發人員在參與相同專案時，可以不需要在相同的網路環境下工作。在初期從遠端伺服器複製一份完整的程式碼與其歷史紀錄至本地電腦，即使無法連接網路，仍不影響開發工作，待後續透過其他機制與遠端伺服器進行同步作業。

然而，Git 並不是唯一的版本控制軟體，為什麼要使用 Git？

1. 開放原始碼：Git 為開放原始碼，且已經成為版本控制實際標準。

2. 免費且強大社群支援：企業與團隊的需求在於軟體穩定與豐富的技術支援，任何人皆不希望遇到無法支援或處理的問題而影響維運。

3. 分支管理：分支可以建構獨立的開發環境，分支原則可以確保團隊執行一致的工作流程與防止錯誤的操作。經過審核的合併可以大幅提升軟體品質，確保安全的持續整合執行。

4. 速度快且檔案體積小。

5. 分散式管理：本機上皆有各自的副本，達到同時開發需求，大幅提升開發效率。

6. 內建整合：多種 GUI 工具可以使用，降低使用門檻。多數開發工具皆有內建的 Git 支援，大幅簡化日常工作流程。

▶ Git 檔案運作原理

在開始使用 Git 之前，我們先簡單說明 Git 版本管理運作原理。Git 在檔案管理部分成三個部分：Unstaging、Staging 與 Repository。Git 會追蹤 Staging 區域內的檔案變更，並建立 index 後，以一個版本的形式提交至 Repository 內。若本地工作目錄內的檔案未加入 Staging 區域 (即為 Unstaging)，則不會進行追蹤，也不影響提交。

本地工作目錄	Staging 區域 (Index)	.git directory (Repository)
檔案變更 尚未加入至Staging 區域	檔案狀態:已變更 已經入 Staging 區域 下次提交快照	檔案已提交專案內 (以一個版本方式)

▲ 檔案三種狀態

初始化 Git 設定後，您需要在本地工作目錄加入 (Git Add) 檔案至 Staging 區域進行追蹤。一旦 Staging 內檔案已變更，Git 會顯示變更狀態與其內容。開發人員確認無誤後，再進行提交 (Git Commit) 作業。

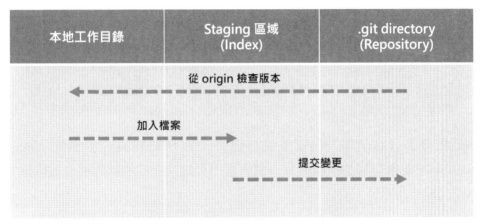

▲ 切換檔案三種狀態方式：Add 與 Commit

Git 會持續追蹤檔案變更。一般來說，開發人員會對於已提交的檔案進行修改。

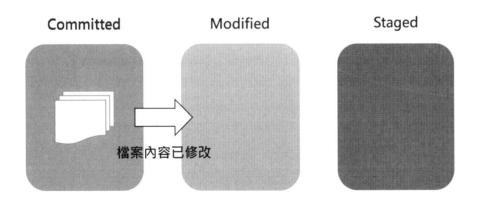

Git 偵測檔案更動，會將變更部分的內容標註為可提交狀態。並在 Staged 區域進行追蹤。在尚未提交之前，若有更多的檔案更動，變更部分仍會繼續被標註為可提交狀態，即列為同一個提交。

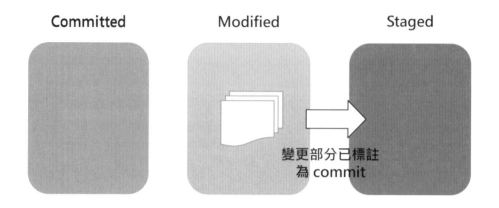

一旦開發人員修改告一段落並進行提交，Git 會將變更內容加入 commit snapshot，將所有修改內容視為一個版本進行提交。檔案狀態從修改狀態變更為已提交狀態。

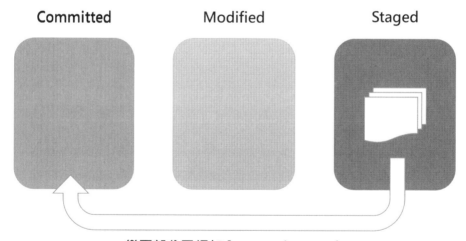

變更部分已經加入 commit snapshot

開發人員可以隨時對於變更內容進行提交，團隊成員也能透過歷史紀錄檢視每一個提交內容。為了追蹤問題與能選到正確提交進行進退版本，建議開發人員不要等待所有開發工作完成後進行一次性提交。可以採取細部功能完成後，多次提交方式完成工作，除了可以享受到版本管理進退版本與選取提交的好處外，也能提升團隊 Code Review 時的效率。

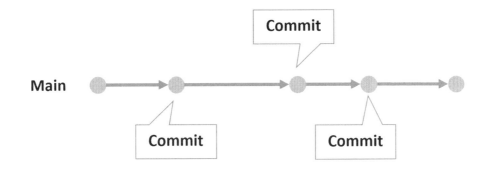

▶ Git 快速上手

在此章節，我們會簡單說明如何於 Windows 安裝 Git 與基本操作，會透過 Git 命令、TortoiseGit 與 GitHub Desktop 三種不同的方式讓讀者快速上手 Git。市面上有許多免費的 Git GUI 工具，常見的開發工具也內建整合 Git 功能。您可以選擇最適合自己的工具進行 Git 操作。

Tip: 為了 Git 使用上的安全，請維持 Git 版本至最新

Tip: https://git-scm.com/downloads/guis 可以查看各種不同 GUI 軟體

前置工作：Windows 安裝 Git

Git 官方網站 (https://git-scm.com/) 下載安裝程式，依下列步驟進行安裝

步驟 1. 開啟安裝程式，檢視公開授權畫面，點選 Next 按鈕

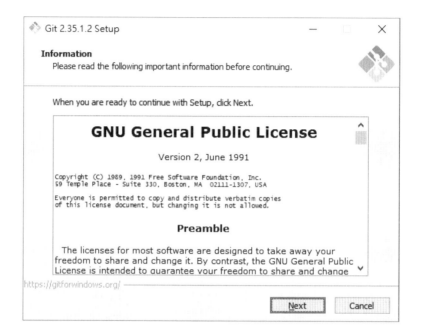

步驟 2. 選擇安裝路徑 (使用預設即可)，點選 Next 按鈕

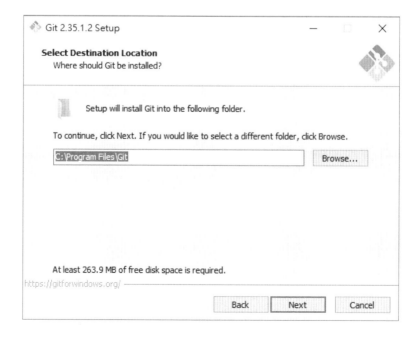

步驟 3. 依據需求選擇安裝元件 (可參考下圖)，點選 Next 按鈕

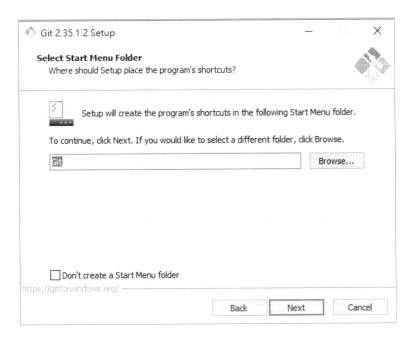

步驟 4. 開始選單資料夾 (使用預設)，點選 Next 按鈕

步驟 **5.** 選擇 Git 預設編輯器，請依據個人需求選擇。點選 Next 按鈕。

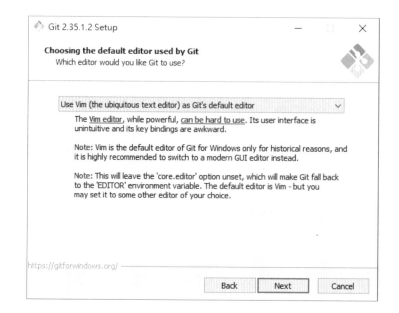

步驟 **6.** 初始分支名稱命名。若您的團隊以 Git 預設使用 Master 與 Main 名
稱為主，可以選擇 Let Git decide。您也可以依據團隊需求變更預
設分之名稱，選擇第二個選項並輸入名稱即可。點選 Next 按鈕

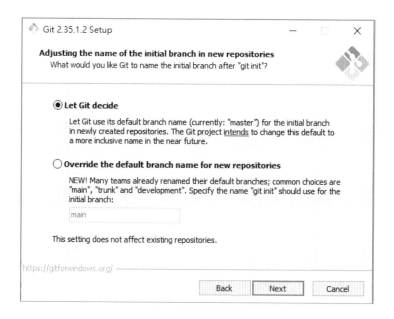

步驟 7. 依據需求調整環境變數 (建議使用推薦項目)。點選 Next 按鈕。

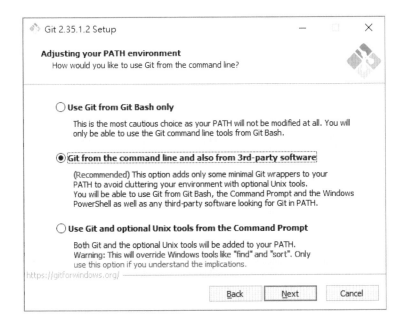

步驟 8. 依據需求選擇 SSH executable。點選 Next 按鈕

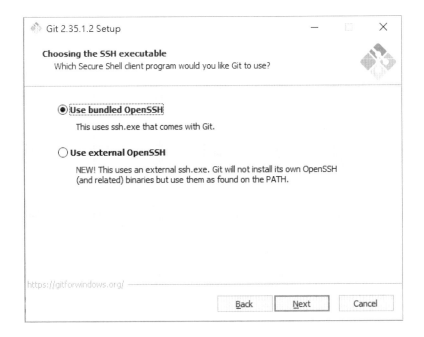

步驟 9.　依據需求選擇 HTTPS transport backend。點選 Next 按鈕。

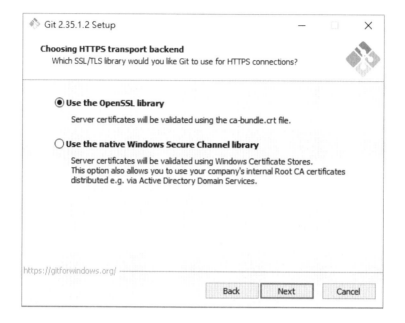

步驟 10.　依據需求選擇文件行結尾轉換 (因為我們在 Windows 環境下安裝，
建議選擇第一項)。點選 Next 按鈕。

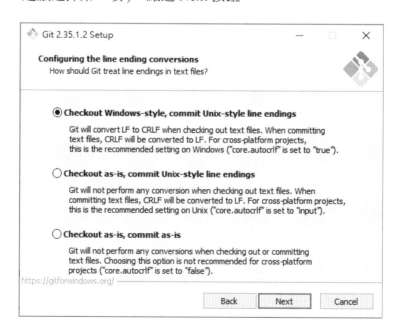

步驟 11. 依據需求選擇 terminal emulator。點選 Next 按鈕

步驟 12. 依據需求選擇 git pull 指令行為。點選 Next 按鈕。

步驟 **13.** 依據需求選擇 Credential Manager。點選 Next 按鈕。

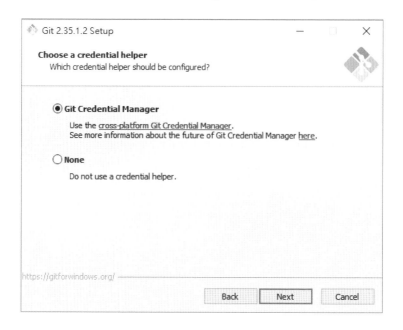

步驟 **14.** 依據需求額外設定選項。點選 Next 按鈕。

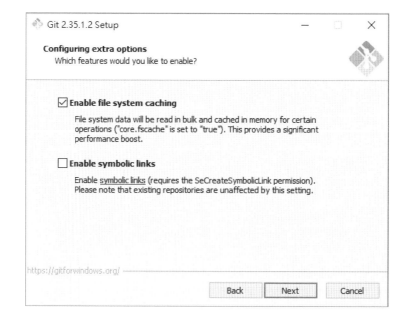

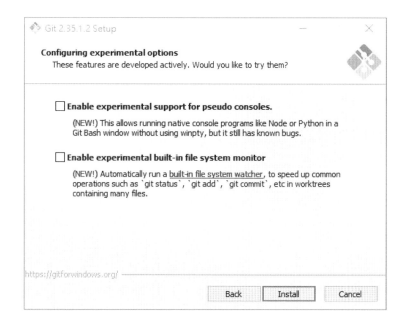

步驟 15. 經過許多設定選項後，開始安裝 Git。待看到下列畫面後，點選
Finish 按鈕結束 Git 安裝。後續即可開始使用 Git 指令控管文件版
本

步驟 16. 您可以開啟命令提示字元、PowerShell 或 Git Bash，輸入指令
git --version，若有正確出現版號，即代表安裝完成。

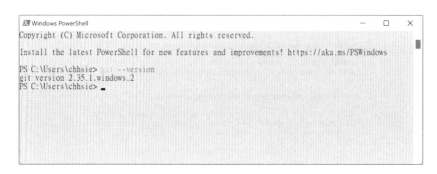

基本指令教學

第一次使用 Git 時我們會先設定使用者名稱與信箱，於每次提交的時候顯
示，讓其他成員了解提交作者是誰。設定指令相當簡單。

```
git config --global  user.name "duran.hsieh"
git config --global  user.email "dog0416@gmail.com"
```

設定完成後，您可以透過 git config 指令查詢設定內容，列出所有設定內容
指令如下：

```
git config --list
```

理所當然，你也能檢視單一設定內容，如要檢視使用者名稱

git config user.name

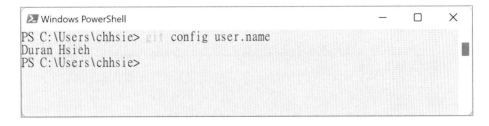

接下來要初始化 Git 設定。您必須先到工作資料夾使用 git init 指令進行初始化。git 會建立 .git 隱藏資料夾並增加相關設定檔案。

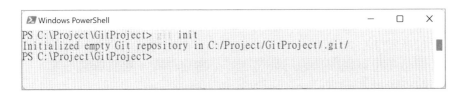

如此一來，您已經建立本地端的版本管理，已經可以獨自開始作業。當您需要與團隊進行協作時，即需要程式碼代管供應商 (或自建 Git 伺服器) 提供遠端 Git Repository 服務以同步程式碼。在從遠端 Repository 推送 (Git Push) 與拉取 (Git Pull) 之前，您需要先設定 Repository URL，指令如下：

git remote add origin [Repository URL]

Tip: 您可以參考「開始您的第一個 Repository」於 GitHub 上建立第一個 Repository，並取得 Repository URL。

如果您是從既有 Repository 開始作業，您可以透過 Git Clone 指令在本地端建立副本，並進行工作。有別於 Git 初始化工作許多設定，Git Clone 會自動設定組態。

git clone [Repository URL]

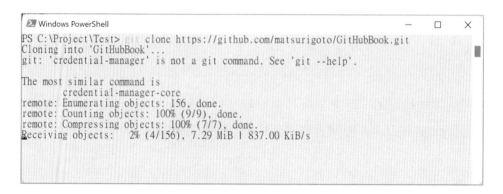

完成設定後，您可以開始進行開發工作 (建立專案、複製專案⋯等)。我們加入一個文字檔案 Test.txt 來開始進行版本管理。

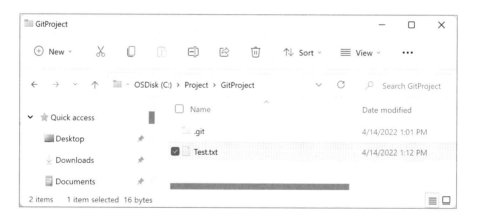

透過下列指令將 Test.txt 加入追蹤

git add Test.txt (PowerShell 使用 git add .\Test.txt)

Tip: 若您要加入大量檔案，也可以使用 git add . 指令

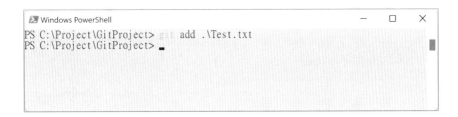

當您撰寫程式碼完成，您可以使用下列指令進行提交。提交時需要輸入描述 (Comment)，我們以 -m 參數加入描述內容：

Tip: 描述寫得越詳細有助於問題追蹤與 Code Review

git commit -m "First commit"

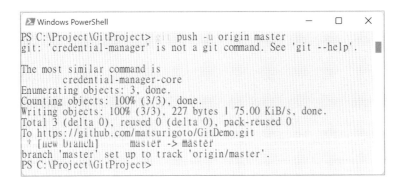

```
PS C:\Project\GitProject> git commit -m "First commit"
[master (root-commit) e8fb726] First commit
 1 file changed, 1 insertion(+)
 create mode 100644 Test.txt
PS C:\Project\GitProject>
```

當您完成所有工作，要同步程式碼至遠端伺服器時，可以透過下列指令推送內容。

Tip: -u 用於第一次推送分支，將建立一個 upstream tracking connection，平時推送可以不使用 -u 參數

git push -u origin [分支名稱]

```
PS C:\Project\GitProject> git push -u origin master
git: 'credential-manager' is not a git command. See 'git --help'.

The most similar command is
        credential-manager-core
Enumerating objects: 3, done.
Counting objects: 100% (3/3), done.
Writing objects: 100% (3/3), 227 bytes | 75.00 KiB/s, done.
Total 3 (delta 0), reused 0 (delta 0), pack-reused 0
To https://github.com/matsurigoto/GitDemo.git
 * [new branch]      master -> master
branch 'master' set up to track 'origin/master'.
PS C:\Project\GitProject>
```

完成後，即可看見變更內容已經推送至 Repository

若您想要檢視變更紀錄，可以透過下列指令進行檢視：

git log

當您需要從遠端 Repository 同步程式碼至本地資料夾，可以透過下列指令進行：

git pull

```
Windows PowerShell                                          —    □    ×
PS C:\Project\GitProject> git pull
remote: Enumerating objects: 4, done.
remote: Counting objects: 100% (4/4), done.
remote: Compressing objects: 100% (2/2), done.
remote: Total 3 (delta 0), reused 0 (delta 0), pack-reused 0
Unpacking objects: 100% (3/3), 653 bytes | 15.00 KiB/s, done.
From https://github.com/matsurigoto/GitDemo
   e8fb726..df31c15  master      -> origin/master
Updating e8fb726..df31c15
Fast-forward
 Demo.txt | 1 +
 1 file changed, 1 insertion(+)
 create mode 100644 Demo.txt
PS C:\Project\GitProject>
```

若您需要隔離的環境進行開發，您可以透過下列指令建立分支

git branch [branch name]

```
Windows PowerShell                                  —    □    ×
PS C:\Project\GitProject> git branch feature1
PS C:\Project\GitProject>
```

您可以透過 git branch 查詢分支清單

```
Windows PowerShell                                  —    □    ×
PS C:\Project\GitProject> git branch
  feature1
* master
PS C:\Project\GitProject> _
```

若您要切換分支進行開發工作，可以透過下列指令切換分支

git checkout [branch name]

```
Windows PowerShell                                    —    □    ×
PS C:\Project\GitProject> git checkout feature1
Switched to branch 'feature1'
PS C:\Project\GitProject>
```

若您完成開發工作，想要合併分支至 Master(Main) 分支，則必須先切換
Master(Main) 分支，透過下列指令進行合併

```
git checkout master
git merge feature1
```

```
Windows PowerShell                                    —    □    ×
PS C:\Project\GitProject> git merge feature1
Updating df31c15..6bf352a
Fast-forward
 Feature1.txt | 1 +
 1 file changed, 1 insertion(+)
 create mode 100644 Feature1.txt
PS C:\Project\GitProject>
```

透過上述 Git 基本指令操作，已經能達到基本的版本管理需求。理所當然，
Git 仍有更多實用的功能與指令，能解決特殊情況許多問題 (如 Stash 與
Cherry Pick) 在此不再贅述，有興趣的讀者可以自行研究。

Tip: 建立分支與合併更多說明在「Branch 管理與策略」章節進行介紹，我
們將透過 GitHub 介面建立分支、Pull Request 機制進行合併。

GitHub Desktop

GitHub Desktop 是一個桌面應用程式，提供良好的 GUI 介面讓協作人員
完成大多數的 Git 命令，並以視覺化方式確認修改。您可以前往 GitHub
Desktop 網站 (https://desktop.github.com/) 進行下載，只需登入 GitHub 帳號
即可使用。

當您要 Clone Repository 時，點選左上方 Currency Repository。

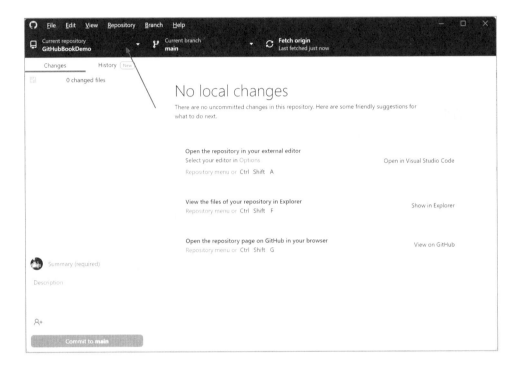

點選上方 Add 按鈕，選擇 Clone repository。

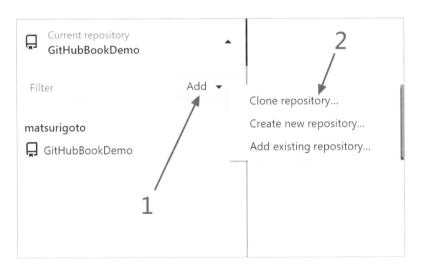

搜尋您想要的 Clone Repository 與本地路徑，點選下方 Clone 按鈕

若您加入新的檔案或修改內容，左邊側欄會自動顯示。輸入提交名稱與描述，點選下方 Commit to master 按鈕即完成提交。

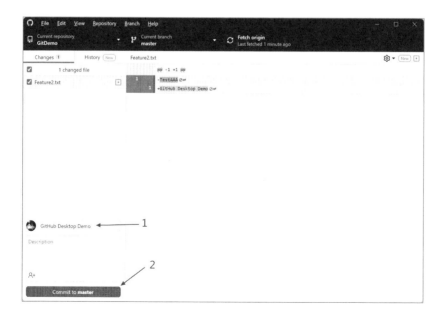

若要推送至遠端 Repository，只需點選上方或中間 Push origin 按鈕，即完成推送。

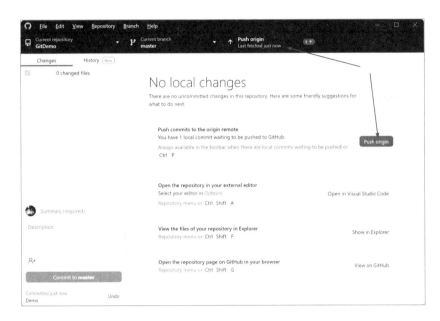

若需要從 GitHub Repository 同步程式碼，點選上方 Fetch 按鈕，若有更新的內容，再次點選 Pull origin 按鈕即同步檔案至本地資料夾。

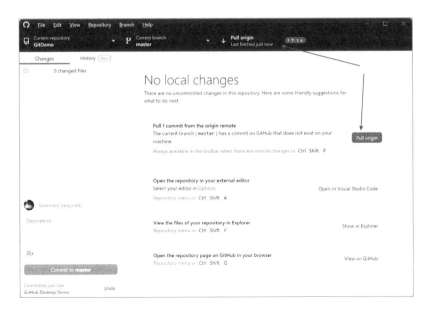

若想要進行切換分支、建立新分支或合併分支⋯等操作,點選上方 Current branch。即可進行分支相關操作。

TortoiseGit

TortoiseGit 是一個 Windows Git 版本管理用戶端工具,主要以檔案總管介面方式進行操作,您可以檢視資料夾即時了解那些檔案在 Git 版本管理上的狀態,並透過右鍵選單方式的進行操作。除此之外,圖形化介面操作流程相當直覺,也支援中文顯示,非常推薦使用。

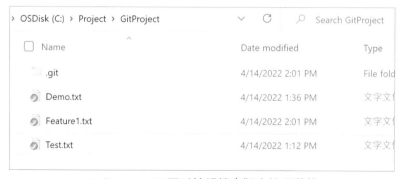

▲ TortoiseGit 可以檢視檔案版本管理狀態

TortoiseGit 下載位置 https://tortoisegit.org/download/，依據安裝精靈操作步驟安裝即可。

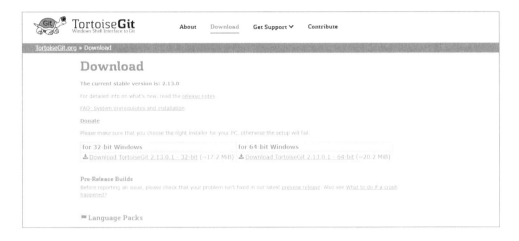

當您需要 Clone 既有 Repository 至本地端，只需複製 Repository URL，在本地資料夾右鍵點選空白處，點選 Git Clone。

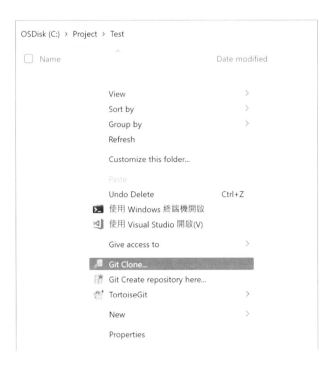

URL 欄位會自動帶入剛才複製 Repository URL，點選 OK 按鈕即 Clone
Repository 至本地資料夾。

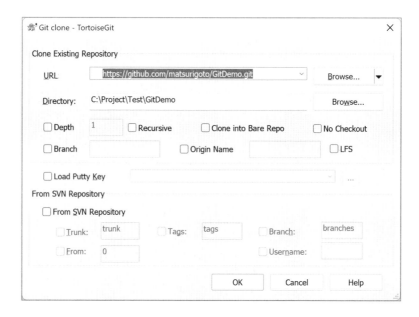

當新的檔案要加入追蹤，您可以右鍵點選工作資料夾，滑鼠移至
TortoiseGit，點選 Add...

勾選要加入的檔案，點選 OK 按鈕即可。

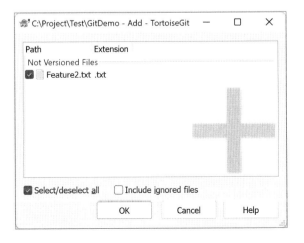

若您要提交變更，只需右鍵點選工作資料夾空白處，選擇 Git Commit。

輸入 Message 並勾選要提交的檔案，點選下方 Commit 按鈕進行提交。

要推送提交至 Repository 時，您可以右鍵點選工作資料夾，滑鼠移至
TortoiseGit，點選 Push...，即完成推送。

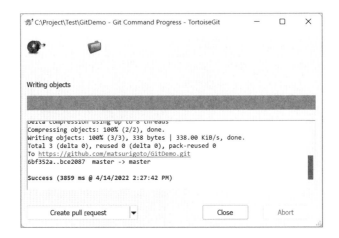

要從 Repository 拉取最新版本時，您可以右鍵點選工作資料夾，滑鼠移至 TortoiseGit，點選 Pull...。

確認資訊無誤後，點選 OK 按鈕進行拉取工作。

若要切換分支，您可以右鍵點選工作資料夾，滑鼠移至 TortoiseGit，點選 Checkout/Switch…。

選擇正確分支後，點選 OK 按鈕即切換分支

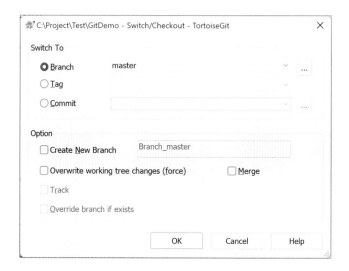

若要合併分支，您可以右鍵點選工作資料夾，滑鼠移至 TortoiseGit，點選 Merge⋯。

確認合併來源後，點選 OK 按鈕進行合併。

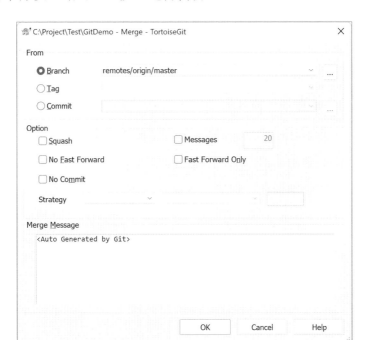

▶ Git 最佳實踐

盡早且頻繁的提交

不可否認，工程師在開發過程總會有些盲點，可能是需求沒有釐清、程式碼邏輯錯誤或資料缺失造成問題。當您沒有經常性提交且在撰寫程式碼時發生了一些失誤，可能會遇到一些麻煩：難以釐清問題的根本原因。

當您收到功能需求並且在腦海裡規劃出連續開發流程，請將流程概念性的分成多個步驟，並在完成後盡快提交。適當的提交如同檢查點(Checkpoint)，這意味著團隊可以清楚地了解問題是如何發生的，進而規劃出最好的解決方法。此外，概念性的步驟除了有助於團隊成員理解程式，加速 Code Review 速度以提升軟體品質，當遇到需求變更或只需要部分功能時，團隊會感謝過去頻繁提交的成員：透過 Cherry-pick 快速地達到目的。

加入有意義的提交訊息

許多開發人員在提交過程中不加入訊息或加入無意義的訊息 (如：Update、Fix bug)。良好的訊息幫助團隊成員無需閱讀程式碼即可快速了解提交了什麼變更。尤其是透過 Git 歷史紀錄尋找問題，好的提交訊息非常重要。

許多持續整合、持續佈署流程與提交訊息進行整合，如：

1. 連結相關工作 (Issue 或 Bug) 單號，方便團隊追蹤

2. 提交訊息中擷取版本公告 (Release note)

3. 從提交訊息中彙整資訊，讓維護人員容易搜尋並進入狀況

這是最容易的最佳實踐，團隊只要訂定標準，提交者只需習慣加入有意義的訊息。

▲ 有意義的提交訊息

不要提交產生的檔案

正常情況下，您應該提交手動建立且無法自動產生的文件，主要原因在於自動產生文件可以隨時透過持續整合流程產生，且不需要追蹤其變更紀錄。多數情況，開發人員可能提交了屬於自己開發環境的設定檔案或相依套件，

這常常造成團隊成員困擾：

1. 設定檔案不是每個人皆適用，可能造成開發工具異常

2. 不同的設定檔案持續的提交，產生一堆無用資訊造成搜尋困難

3. 相依套件造成：在我的環境可以執行，在別人的環境不能執行

最佳實踐：在 Repository 的根目錄中加入 .gitignore 文件，讓 Git 排除您不想跟追蹤哪些文件或路徑，建議在建立 Repository 依據您的開發環境加入。

盡可能不要提交 Binary 檔案

若您是託管於 GitHub 或其他程式碼代管供應商，多數會有容量上的限制以維持託管服務品質。Binary 檔案比起文字檔案通常大上許多，託管於 GitHub 時要注意其限制。除此之外，提交 Binary 的缺點還有：

1. Git 可以追蹤文字檔案變更，但不適用於 Binary 檔案，您無法透過提交閱讀 Binary 檔案。

2. 分散式版本管理意旨於快速，提交 Binary 檔案會導致 Clone Repository 與切換分支時速度緩慢。

3. 提交 Binary 檔案會留在記錄內，即便您在現在版本刪除了 Binary 檔案，但它仍會留在過去的紀錄內。完整刪除相當麻煩，其操作具有風險，您應該盡可能避免危險的操作。

Tip: GitHub Repository 容量限制：理想使用大小為 1GB，強烈建議不多於 5GB。若超出使用量會收到 GitHub 要求改善的信件。

Chapter **3**

GitHub 基本功能介紹與介面說明

▶ GitHub 操作介面介紹 - 初學者也能輕鬆上手

登入 GitHub 後，您可以看見社群網站一般介面，包含：個人與團隊資訊、中間的社群動態時報與右側探索儲存庫功能。

- **個人與團隊資訊**：會列出您個人的 Repository、近期的動態與團隊資訊。若您有加入其他組織，則可以透過左上角下拉選單切換組織帳號，檢視組織相關資訊。

- **社群動態**：會列出您關注 (watch) 的使用者近期動態 (如：建立、喜歡或參與某個 Repository... 等)，您可以透過此動態了解最近他們在關注那些技術。

- **探索儲存庫**：會依據您的個人資訊，推薦與您相關與熱門的儲存庫。如我個人儲存庫中較多 C# 程式，所以在推薦內容常常看見 C# 專案。

最上方工具列分別可以看見搜尋輸入框、Pull request、Issue、Marketplace、Explore。而在右上角工具列為**通知**、**新增項目按鈕**與**個人設定按鈕**。

搜尋功能會列出在 Repo、Code、Commits、Issues、Discussions、Packages、Marketplace、Topics、Wikis、Users 內不同分類的搜尋結果。您可以依據需求，在不同的的類別進行細部搜尋。

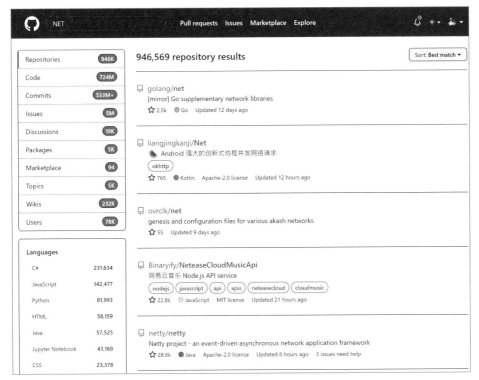

▲ GitHub 搜尋功能相當強大

Pull request 與 Issue 可以檢視由您所建立的合併請求與提出的討論議題。您可以依據不同狀態 (Created、Assigned、Mentioned、Review request) 或關鍵字搜尋方式，快速找到想要的內容。

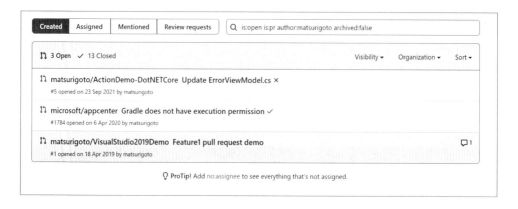

Marketplace 提供許多免費 / 付費擴充套件，讓使用者可以強化 GitHub 上自動化流程 (GitHub workflow)。理所當然，若您製作了不錯的擴充套件，也能發佈至 Marketplace 提供有興趣的開發人員使用。

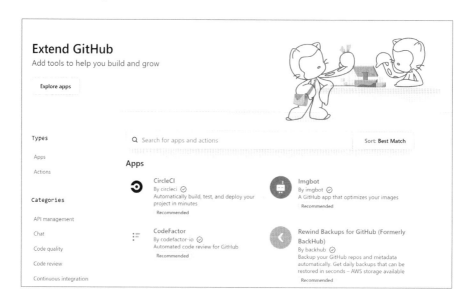

點選右上角通知圖示，可以閱讀來自個人儲存庫或訂閱的訊息。訊息為工作指派、討論內標註您、弱點掃描訊息或新版本發佈

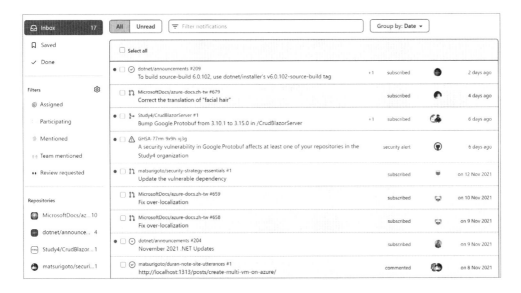

新增項目包含：新增儲存庫、匯入儲存庫、新增 gist、新增組織與新增專案

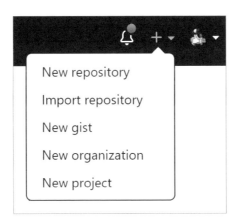

個人設定按鈕，您可以在這裡設定個人的狀態、付費方案與重要設定。也可以檢視個人檔案、儲存庫、Codespaces、組織、專案、給予的讚、Gist 與贊助。我們可以點選 Your profile 檢視個人資料。

個人資料畫面猶如個人簡歷：左側為個人基本資料，您可以放上相片、個人描述、目前工作、居住地、聯絡資訊、社群連結、所屬組織與成就；中間上方主要功能列，可以檢視您擁有儲存庫、專案、套件與曾經喜愛 (Star) 資訊；中間會列出熱門的儲存庫，您也可以自訂要顯示那些儲存庫在此畫面，以突顯開發人員的專業與特質；最下方則為您在 GitHub 活躍統計資訊與動態資訊。

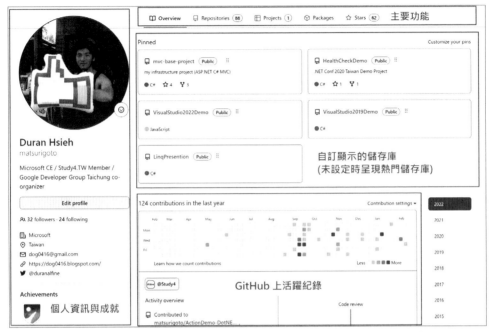

▲ 經營 GitHub 個人資訊，對於開發人員的職涯發展相當有幫助

▶ 開始您的第一個 Repository

Repository 中譯為儲存庫或倉庫，主要功能為儲存程式碼。GitHub 將 Repository 可視覺化，除了以網頁方式呈現程式碼 / 文件與其修改紀錄，也提供儲存庫描述、程式語言組成分析、版本釋出與開放提交至專案…等延伸功能，讓使用者可以更快理解 Repository 發展目的與歷程。

GitHub 服務以 Repository 功能為核心，進而延伸出專案管理、提交貢獻、安全掃描與持續整合…等功能。舉例來說，Repository 內 Issue 功能提供參與者提出問題並進行討論；Milestone 為專案建立良好的發佈里程碑；GitHub Action 可以建立 workflow，讓程式碼進行自動化建置、測試與佈署流程。因此，建立 Repository 可以視為使用 GitHub 的第一步。

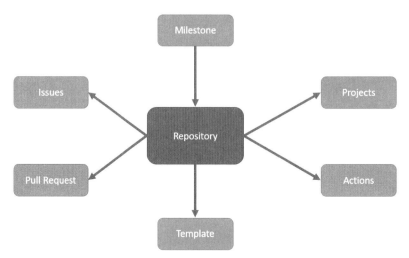

▲ GitHub 以 Repository 為核心所延伸的功能

建立 Repository 只需要點選右上角 + 按鈕，選擇 New Repository

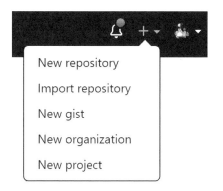

建立 Repository 需要填入名稱與描述，其中名稱為必填且唯一，也是作為日後 Git 存取時 Remote Url 的一部分。Repository 可以分成公開 (Public) 與私有 (Private) 兩種類型，您可以建立 Public Repository，讓世界各地的人們參與此項目，加速軟體開發並回饋技術社群；您也能建構 Private Repository，只允許團隊成員參與開發。在建立 Repository 的同時，您會發現多了三個選項：Add a README file、Add .gitgnore 與 Choose a license。這些選項相當重要，但常常被使用者被忽略。

Create a new repository

A repository contains all project files, including the revision history. Already have a project repository elsewhere? Import a repository.

Owner *　　　　　Repository name *

🔵 matsurigoto ▾ ／ GitHubDemo ✓

Great repository names are short and memorable. Need inspiration? How about probable-spoon?

Description (optional)

◉ 📖 Public
Anyone on the internet can see this repository. You choose who can commit.

○ 🔒 Private
You choose who can see and commit to this repository.

Initialize this repository with:
Skip this step if you're importing an existing repository.

☐ Add a README file
This is where you can write a long description for your project. Learn more.

☐ Add .gitignore
Choose which files not to track from a list of templates. Learn more.

☐ Choose a license
A license tells others what they can and can't do with your code. Learn more.

Create repository

▲ 建立 Repository 所需要的資訊

README.md 檔案

當您瀏覽 Repository 網頁時，GitHub 會自動讀取儲存庫內 README.md
檔案，將其內容轉換成標準的 HTML 並呈現。Repository 擁有者常常透
過 README.md 描述程式碼目的、儲存庫經營狀態與其使用方式，讓對
於有興趣提交貢獻或想使用此程式的開發人員快速進入狀況。勾選 Add a
README File，會在建立 Repository 的同時，自動幫您加入 README.md
檔案。

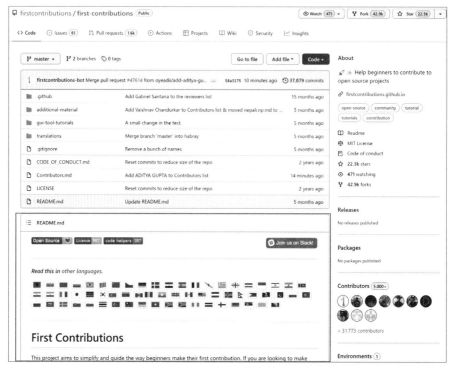

▲ READMEME.md 豐富的呈現效果

.gitignore 檔案

Repository 透過 .gitignore 檔案將排除特定資源,不允許這些檔案或資料夾納入版本控管。在程式協作、程式建置與發佈的過程中,有些資源會影響整體流程的進行。GitHub 在建立 Repository 時提供不同類型 gitignore 檔案,適用於不同的開發工具與程式語言,開發人員不需要逐一檢視專案內容並進行排除,讓程式開發流程更加順遂。

Add .gitignore
Choose which files not to track from a list of templates. Learn more.

.gitignore template: None ▾

.gitignore template

Filter ignores...

✓ None

Actionscript

Ada

Agda

Android

AppEngine

▲ GitHub 建立 Repository 時提供不同類型的 .gitignore

以 Visual Studio 開發工具為例，專案內包含了 .vs 資料夾，內部定義了個人開發工具相關設定。這些設定進入至版本管理不但會影響其他協作人員進行開發，每次檢視版本差異時，這些對專案沒有幫助的資訊也會影響程式比對。所以在建立的 Repository 時加入 Visual Studio .gitignore 檔案是必要的。

除此之外，我們以持續整合為例，多數情況不會將現有專案建置後產生的成品（如 dll 或 obj）加入版本管理。若將成品加入版本管理，會導致其他開發人員將這些資源下載至個人的開發環境，容易造成套件版本或開發環境問題，進而衍伸出**在我的電腦可以正常運作**，卻在其他環境卻**無法正常運作**的情況發生。這些成品可以隨時透過建置流程產生，不應該儲存於 Repository 進行版本管理。另一方面，我們也不建議將成品直接納入 Repository，成品內容多數不是純文字檔案，除了無法檢視其變更內容，占用空間也較大，容易造成存取 Repository 緩慢的問題。

```
363 lines (292 sloc) | 6.08 KB

 1    ## Ignore Visual Studio temporary files, build results, and
 2    ## files generated by popular Visual Studio add-ons.
 3    ##
 4    ## Get latest from https://github.com/github/gitignore/blob/master/VisualStudio.gitignore
 5
 6    # User-specific files
 7    *.rsuser
 8    *.suo
 9    *.user
10    *.userosscache
11    *.sln.docstates
12
13    # User-specific files (MonoDevelop/Xamarin Studio)
14    *.userprefs
15
16    # Mono auto generated files
17    mono_crash.*
18
19    # Build results
20    [Dd]ebug/
21    [Dd]ebugPublic/
22    [Rr]elease/
23    [Rr]eleases/
24    x64/
25    x86/
26    [Ww][Ii][Nn]32/
27    [Aa][Rr][Mm]/
28    [Aa][Rr][Mm]64/
29    bld/
30    [Bb]in/
31    [Oo]bj/
32    [Oo]ut/
33    [Ll]og/
34    [Ll]ogs/
```

▲ .gitignore 排除建置後檔案

License

您可以透過 choosealicense.com 內容，幫助您理解如何授權使用您的程式碼。License 告訴其他人在使用您的開放原始碼時，能做什麼與不能做什麼，因此建立 Repository 時選擇對的 License 是非常重要的。

選擇 License 不是必要的。如果沒有 License，則您的程式碼會使用**預設版權法 (default copyright laws)**，這表示著您保留對開放原始碼的所有權利，任何人不得複製、散佈或從其中建立衍生作品。如果您正在努力於一個開放原始碼項目，會建議為其建立一個開源許可證。

當您完成所有項目，點選下方 Create Repository 按鈕。完成 Repository 建立工作，GitHub 在畫面會提示 Git 快速設定命令，讓開發人員可以快速進入狀況。

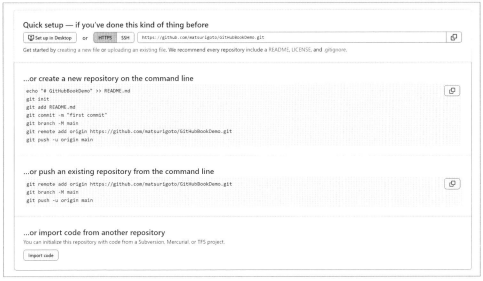

▲ 快速設定提示

Repository 檢視畫面大致上可以分成三個區塊：

1. Repository 功能列：包含提出問題 (Issue)、拉回請求 (Pull Request)、專案管理 (Project)…等功能。

2. Repository 內容：完整程式碼內容，您可以在此區域檢視內容、建立檔案、進行編輯與下載 Repository。

3. Repository 描述：提供更詳細的資訊包含描述、說明網站、版本釋出資訊與 Package。

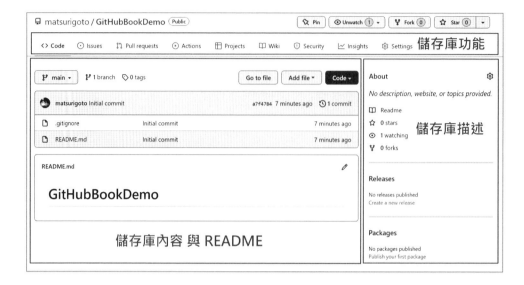

若您想要為 Repository 加入更多描述，可以點選右上角齒輪按鈕進行編輯

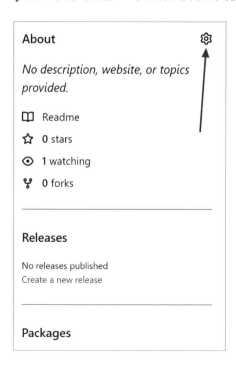

詳細資訊編輯畫面內可以加入描述、網站與 Topics (關鍵字方式，以空白分隔)。也能選擇是否顯示 Release、Package 與 Environment 區塊。

左上角分支 (Branch) 下拉選單提供建立與切換功能，當您輸入目前沒有的分支名稱，即會顯示建立提示。下拉選單也提供標籤 (Tags) 搜尋。

Tip: 多人共同開發的 Repository 會有相當多的分支數量，善用標籤可以有效管理分支

Go To File 按鈕提供模糊搜尋方式,在檔案數以萬計的儲存庫內,即時的找出想要的檔案。

Add File 按鈕提供您以線上方式,建立檔案與上傳檔案。

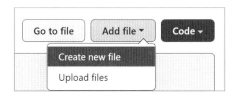

Code 按鈕提供多種方式讓您下載儲存庫,包含復刻 (Clone)、透過 GitHub Desktop 下載、使用 Visual Studio 開啟與以壓縮檔 (ZIP) 下載。

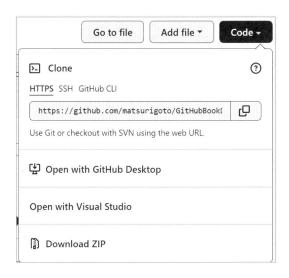

開發人員會使用 Git 存取儲存庫：複製儲存庫網址，使用 Clone 方式將原始碼複製回本地端進行開發。以 TortoiseGit 為例，在空白資料夾內點擊滑鼠右鍵，選擇 Git Clone…，確認 URL 無誤，點選 OK 按鈕，即可將程式複製至資料夾內。

▲ TortoiseGit 以檔案總管方式進行操作,相當直覺

理所當然,您可以直接在 GitHub 進行線上編輯:點選儲存庫內任何文字檔案或程式原始碼。

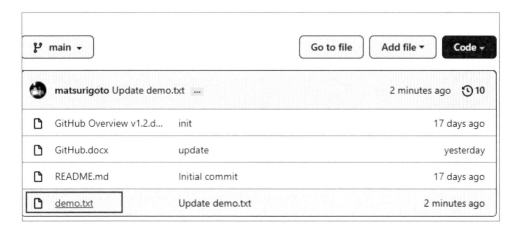

可以看見右上方有功能列：檢視原始內容 (Raw)、顯示每個版本相關資訊 (Blame)、使用 GitHub Desktop 開啟、複製原始內容、編輯、刪除。您可以點選編輯按鈕開始修改內容。

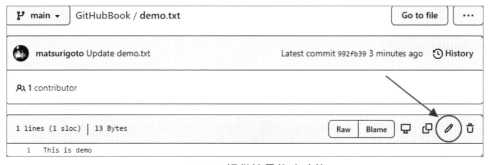

▲ GitHub 提供簡易修改功能

線上編輯器可以讓您即時檢視修改內容 (Preview Changes)，也有基本的編輯喜好設定 (如使用 Tab 鍵會有幾個空白)。當您編輯內容後必須提交變更，輸入標題與描述後，選擇直接簽入 Main 分支，或者建立新的分支並建立 Pull Request，讓儲存庫擁有者確認後，在合併回 Main 分支。如同 Git Commit 與 Push 操作，修改內容會納入版本管理，以方便檢視修改紀錄 (History)。

Tip: 我們會建議您使用開發工具 (如 Visual Studio、Android Studio 或 eclipse) 修改程式。開發工具會協助開發人員進行程式語法檢查、編譯與單元測試，避免人為失誤程式無法編譯或發行失敗。

GitHub 不只是應用於程式開發，近年來很多教學文件、電子書籍、靜態網站與個人部落格使用 GitHub 作為編寫工具。除了提供詳細歷史紀錄，也能透過 Issue 與 Pull Request 功能進行討論與內容勘誤。

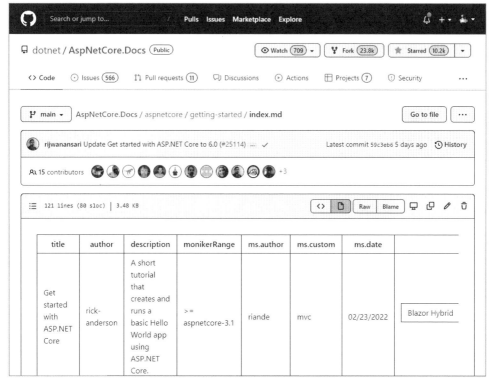

▲ 微軟文件以 GitHub 平台進行管理，任何使用者皆提出問題與協助勘誤

▶ 豐富您的專案介紹 - GitHub shields

若您常常在 GitHub 網站上瀏覽專案，可能在儲存庫首頁看過各式各樣不同的徽章 (shields)，這些徽章呈現專案授權方式、程式碼分析狀態、程式碼測試覆蓋率、目前發行版本…等資訊。訪客不需要詳細閱讀專案描述，直接透過徽章簡潔的內容理解專案狀態。這些徽章不但可以以靜態方式呈現基本資訊，也可以動態存取儲存庫資訊顯示社交狀態，或存取持續整合紀錄取得目前專案執行狀態。

▲ 常見的 Badges

Tip: shields 適用於公開專案 (Public Repository)。

透過 Shields.io 建立徽章

我們可以透過 Shields 官方網站 (https://shields.io/) 建立徽章。Shields.io 是一項以 SVG 與 raster 格式提供簡潔、一致性與容易閱讀的徽章服務，提供使用者簡易的 HTML 語法，輕鬆地將徽章嵌入儲存庫描述文件 (README) 或其他網頁上。

開啟 Shields 網站，畫面上方輸入框可以輸入專案網址，Shields 會產生建議使用的徽章；下方即為徽章分類，可以依據需求，透過分類找到您要的徽章。

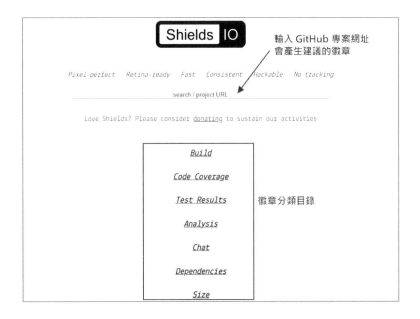

點選下方目錄 – Social，即可看見許多平台社交功能相關徽章 URL，包含 GitHub、加密貨幣、Twitter、Twitch 與 YouTube…等。

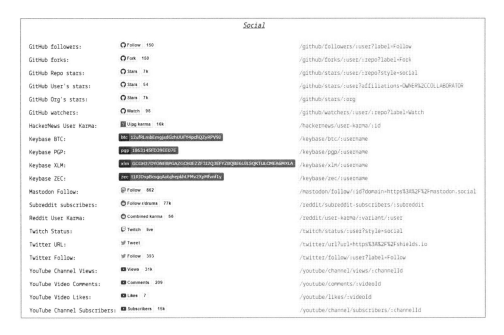

> **Tip:**　徽章 URL 會使用個人相關資訊，如 GitHub 相關徽章使用的 :user 參數
> 即使用者名稱；:repo 參數即為您的儲存庫名稱，依此類推。

我們於上方輸入框輸入儲存庫網址，並且點選 Suggest Badges 按鈕。您可以看見建議的徽章與 url (下圖紅色框內)，包含：

- Issue: 目前 Repository 內 Open Issue 數量
- Fork: 目前 Repository 被 Forks 次數
- Star: 目前 Repository 有多少顆星 (Star)
- License: Repository 使用哪種授權
- Twitter: Repository 的 Twitter 連結

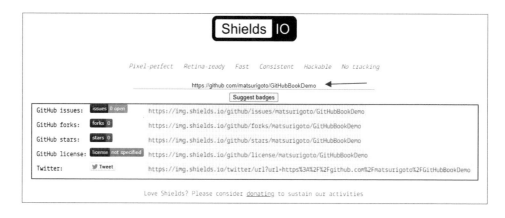

點選 GitHub Issue 網址後，可以依據喜好選擇不同的 Style 與自訂選項，點選下方 Copy Badge URL 旁下拉按鈕，選擇 Copy HTML。

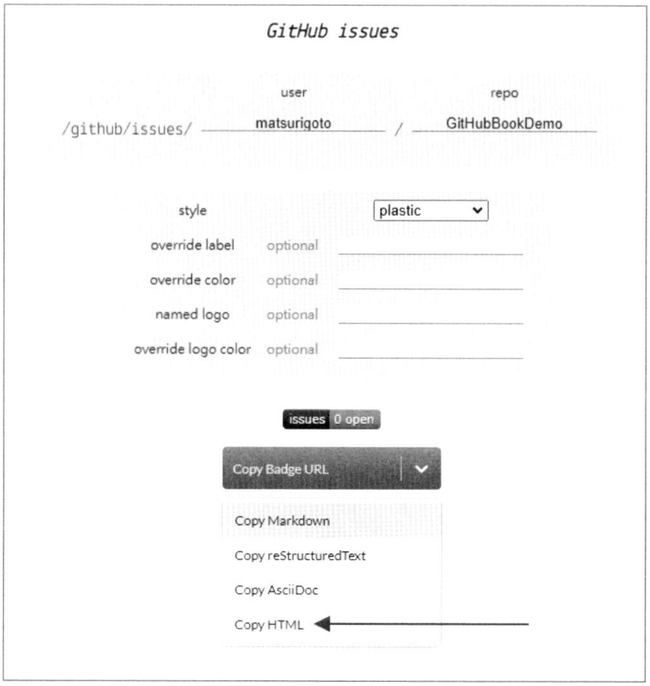

在 Repository 功能列上點選 Code，找到 README 檔案並點選編輯，將剛剛複製的 HTML 內容直接貼上。輸入提交所需要的資訊後，點選 Commit change 按鈕。

Tip: HTML 格式為

<a href=" 超連結 " src=" shields.io 提供的徽章 URL"></a>

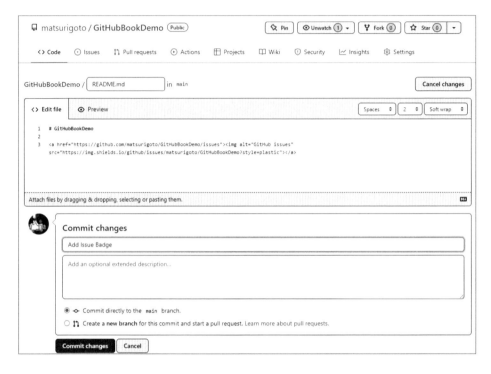

回到 Repository 畫面，即可看見新增 Issue 徽章在主頁上

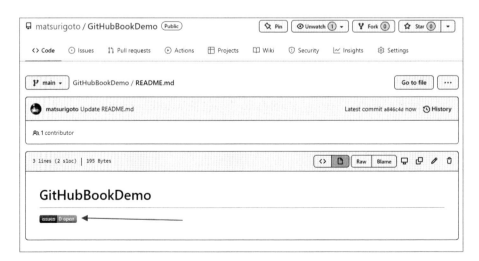

Shields.io 上建立自定義徽章

除了前面提到已經與各平台整合好的徽章外，使用者也可以建立屬於自己的徽章。徽章可以分成靜態徽章 (資訊直接寫在 URL，通常為固定內容) 與動態徽章 (從特定網址取得資料，呈現會因為資料內容不同而改變)。無論是動態或靜態徽章，您皆可以在 https://shields.io 上透過介面直接產生徽章 URL。

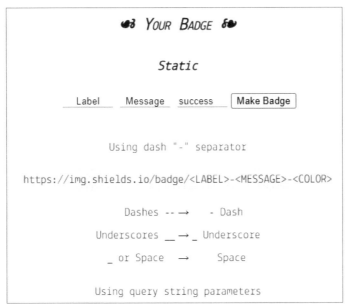

▲ shields.io 提供介面輸入方式，自動產生徽章

靜態徽章

產生靜態徽章過程相當簡單，其 URL 格式為 https://img.shields.io/badge/<LABEL>-<MESSAGE>-<COLOR>，中間以 - 符號區隔，其中 LABEL 為前面格子內的文字；MESSAGE 為後面格子內文字；COLOR 為後方格子背景顏色。以下圖為例，若想要產生 GitHub awesome 的徽章，網址即為 https://img.shields.io/badge/GitHub-awesome-success。

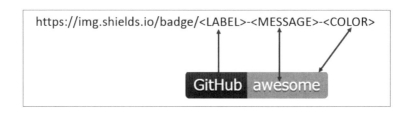

若想要調整樣式 (增加圖示或呈現方式)，可以在網址後方加上查詢字串 (Query String) Style 與 Logo。其格式為 https://img.shields.io/badge/<LABEL>-<MESSAGE>-<COLOR>?logo=<logo name>&style=<style name>。

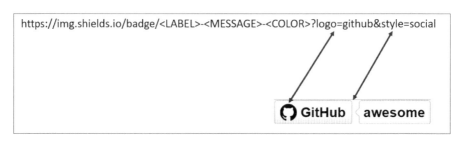

Tip: 您可以在 https://simpleicons.org/ 找到更多圖示名稱

Tip: Style 有 plastic, flat, flat-square 與 for-the-badge，其中 Flat 為預設值

動態徽章

相對於靜態徽章，想要產生動態徽章較為複雜，需要一個網址並回傳。動態徽章需要 7 個參數：

資料格式：json, xml, 或 yaml
Label：前方格子顯示文字
Data URL: 資料來源網址
Query: 查詢條件
Color: 後方格子背景顏色
Prefix: 後方格子內前置文字
Suffix: 後方格子內後置文字

▲ shield.io 產生動態徽章

動態徽章格式為

https://img.shields.io/badge/dynamic/{ 資料格式 }?color={COLOR}&label={LABEL}&prefix={PREFIX}&query={QUERY}&suffix={SUFFIX}&url={DATA URL}

我們需要準備一個資料來源的 data url，並回傳 json 格式資料。為了簡單呈現效果，我們將透過 GitHub raw url 功能作為 data url。我們在儲存庫內新增一個 badge.json 檔案，並且輸入 name 與 version 兩筆資料，如下圖所示。

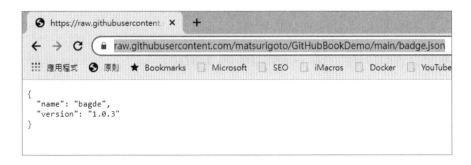

透過右上方 Raw 按鈕，GitHub 會提供原始方式呈現設定檔案內容 (https://raw.githubusercontent.com/matsurigoto/GitHubBookDemo/main/badge.json)，如此一來，data url 即準備好了。

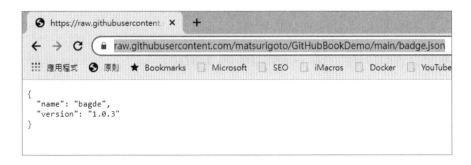

我們透過 shield.io 網頁上產生徽章介面來產生動態徽章。輸入資料如下，即可產生動態徽章

Label：Duran

Data url: 前一步驟的 raw url

Query: version (data url 回傳的資料內取得 version 內容值)

Color: success

Prefix: v

Suffix: release

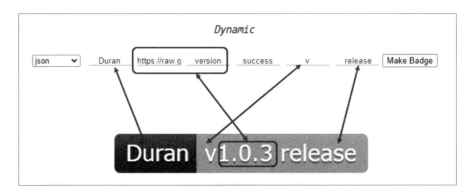

輸入完成後，點選 Make Badge 按鈕，即產生動態徽章，取得徽章的網址為

https://img.shields.io/badge/dynamic/json?color=success&label=Duran&prefix=v&query=version&suffix=%20release&url=https%3A%2F%2Fraw.githubusercontent.com%2Fmatsurigoto%2FGitHubBookDemo%2Fmain%2Fbadge.json。最後您只需要像前面我們教學的，將網址以 HTML 圖片格式放入 README.md，即可將徽章顯示在你的儲存庫描述上。

▶ 建立工作的第一步 – Issue 與 Label

以傳統的 DevOps 工具角度來看，Issue 類似於專案管理中工作事項功能，讓參與者可以追蹤目前工作進行的狀態，也是開發工作的起點。實際上，Issue 在公開專案上的應用範圍更為廣泛，除了用於指派工作與確認目前執行狀態，也提供社群群眾提出想法、回饋或解決方案。貢獻者提供有意義的 Issue，是軟體品質與後續發展重要的關鍵。

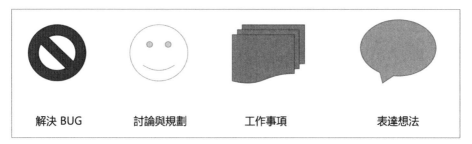

▲ Issue 常見使用情境

在 GitHub，您可以透過不同的方式建立 Issue：儲存庫功能選單、Pull Request 與其他 Issue 內的評論、任何一行程式碼、專案功能中的註釋、GitHub Desktop，您可以選擇最方便的方式建立 Issue。理所當然，除了透過網頁介面，GitHub 也提供 GitHub Desktop、GitHub CLI、GraphQL 或 REST APIs 等不同平台與介接方式，讓您更容易可以自訂工作流程，以符合開發團隊需求。

建立第一個 Issue

在 Repository 上方選單點選 Issue，即可檢視與 Repository 相關 Issue。

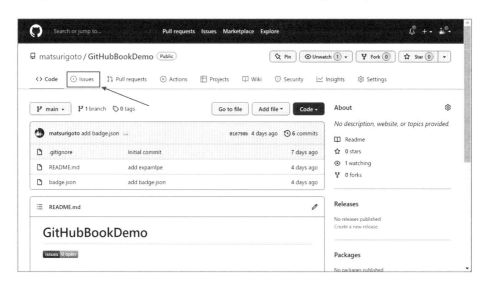

進入 Issue 功能畫面，預設會列出狀態為 open 的 Issue 清單。您可以點選右上方 New issue 按鈕建立新的 Issue。

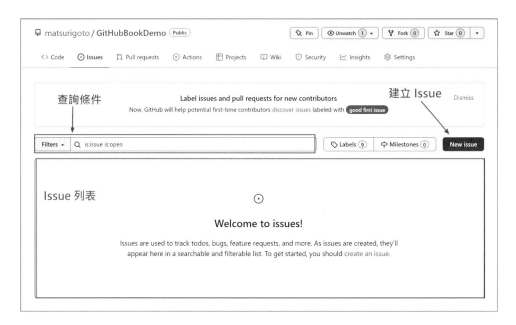

基本上，建立 Issue 只需輸入標題與評論即可 (評論支援 markdown 語法，並提供預覽功能)。在右邊側欄可以看見與此 Issue 關聯的選項，包含：

1. Assignees: 指派此 issue 給相關與會人員

2. Label: 用於分類的標籤，方便歸類與搜尋

3. Project: 與專案功能進行關聯

4. Milestone: 與里程碑功能進行關聯

5. Development: 與分支或 Pull Request 進行連結，讓與會者檢視與此 Issue 的程式碼修改內容

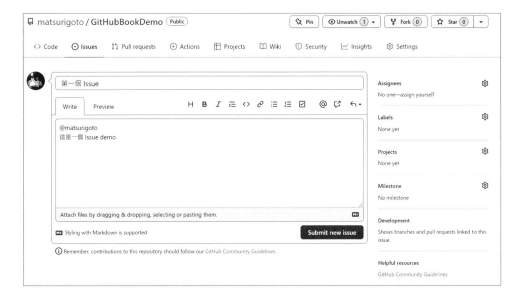

點選指派工作,將此 Issue 指派給自己

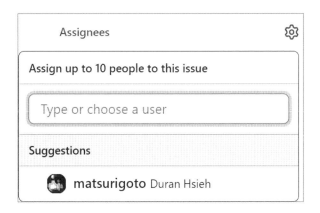

新的 Repository 已經內建不同類型的 Label,您可以依據情境選擇最適合的 Label。良好的標籤除了方便搜尋與進行管理,也有助於與會者快速理解 Issue 目的。在此範例我們選擇 Good first issue。

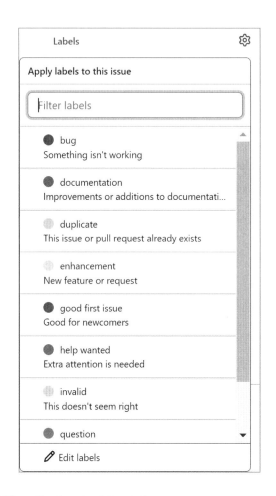

Tip:　issue 與 issue 之間關係相當重要，Label 則可以有效管理 issue 之間的關
　　　係。以管理 repository 為例，我們經常遇到重複的 issue，此時即可使用
　　　duplicate 標籤，並提供相同 issue 連結於評論中。

我們點選 Submit new issue 按鈕，完成建立。Issue 詳細頁面是以時間軸方
式呈現討論內容與 Issue 狀態。與會者可以持續地留下評論，而 Issue 擁有
者或 Repository 可以關閉 Issue 並留下評論。若您對於此 Issue 發展有興趣，
您也可以點選右邊 Subscribe 按鈕訂閱，若有更新會發送通知給您。

▶ 團隊討論專業技巧 - Autolinked references 與 Permanent link

軟體開發過程中，一定會對於特定 Issue、Pull Request 或 Code 進行討論。無論是線上或面對面溝通，皆需要描述是哪一個討論議題、檔案或程式碼行數，與會者才能理解目前情境。在 GitHub 上的討論也不例外，您可能需要提供連結或畫面截圖，才能正確描述問題。但是這些冗長連結與畫面截圖容易造成討論紀錄難以閱讀，讓開發人員花更多時間在理解問題，而非專注於原來的開發職責。

GitHub 編輯器內有兩個看似平凡無奇，但在討論過程中不可或缺的功能：Autolinked references 與 Permanent link。與會者可以透過這兩個連結功能，在評論文字中可以快速的找到相關的 Issue、Pull Request 與指定程式碼位置，以提升團隊溝通效率。在這個章節，我們將會介紹數個團隊討論專業的技巧。

Tip: 花在閱讀程式碼與撰寫程式碼的比例約 10:1 - Clean Code Robert C. Martin

提起與會者與團隊

若您在討論過程需要提起並通知某位與會者,在編輯器內可以使用 @ 來指定對象。當輸入 @ 會產生自動完成選單,您可以從中選擇人員,也可以直接輸入使用者 ID 即可。

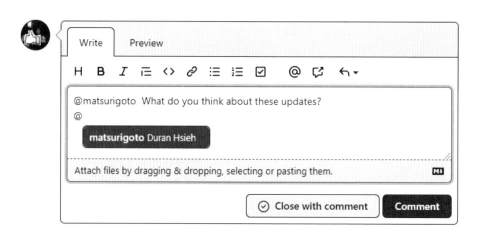

檢視評論時,被提起的使用者或團隊會光亮顯示並提供超連結。您可以將滑鼠移動至上面檢視該使用者簡介,也能點擊連結到該使用者基本資料。

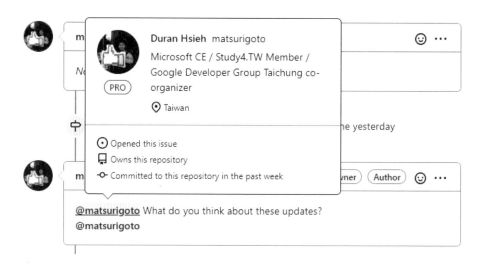

網址自動成為超連結

當您在評論中提供網頁連結(標準的 URL)以供其他人參考,在檢視畫面中會自動轉換成為超連結,只需要點選該文字即可開啟該網頁。

自動連結參考至 Issue 或 Pull Request

當您建立 Issue 或 Pull Request 時,不知道專業的您,有沒有發現每一個 Issue 與 Pull Request 有共用的流水號。在相同的 Repository 內,這些流水號具有唯一性,是做為 URL 的依據。

GitHub URL 格式有一定的規則,可以做為參考連結。如下圖所示,您可以使用此網址格式直接連結至特定的 Issue 或 Pull Request。

雖然參考連結相當方便,在評論使用這麼長的連結很容易影響閱讀。GitHub 提供短網址的功能:當您想要提到某個 issue 或 pull request,可以使用 #流水號 或 GH-流水號 進行指定。當輸入 # 時會產生自動完成選單,您可以從中選擇 issue 或 pull request,也可以直接輸入流水號。

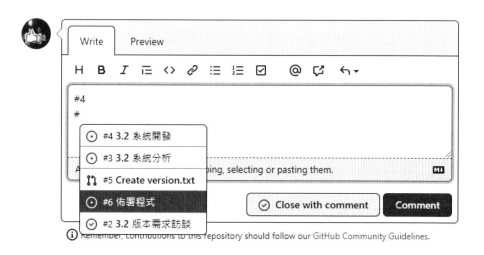

檢視評論時,被提起的 Issue 或 Pull Request 會以超連結方式顯示。您可以將滑鼠移動至上面檢視簡介,也能點擊連結到該 Issue 或 Pull Request。

若想要提起不同 Repository 內的 Issue 或 Pull Request，您可以在評論中使用下列參考連結格式。

檢視評論時，被提起外部的 Issue 或 Pull Request 會以超連結方式顯示。您可以將滑鼠移動至上面檢視簡介，也能點擊連結到該 Issue 或 Pull Request。

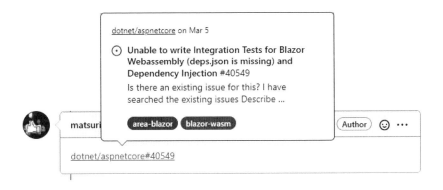

下表為彙整短網址縮寫方法，預設為 Repository 內 Issue 與 Pull request，包含指定外部使用者與組織的縮寫方法。

參考類型	短網址
Repository 內部的 URL https://github.com/matsurigoto/ActionDemo- DotNETCore/issues/7	#7 GH-7
指定 User name/Repository 的 URL https://github.com/matsurigoto/ActionDemo- DotNETCore/issues/7	matsurigoto/ActionDemo- DotNETCore#7
指定 Organization name/Repository 的 URL https://github.com/Study4/CrudAspNetCore/ issues/1	Study4/CrudAspNetCore#1

自動連結參考至提交

開發團隊在溝通過程中，常常需要提起某次修改內容。每一次的修改內容提交時皆會產生一組 SHA hash，您可以在評論中使用 SHA hash，讓參與討論的成員快速連結至該提交紀錄。

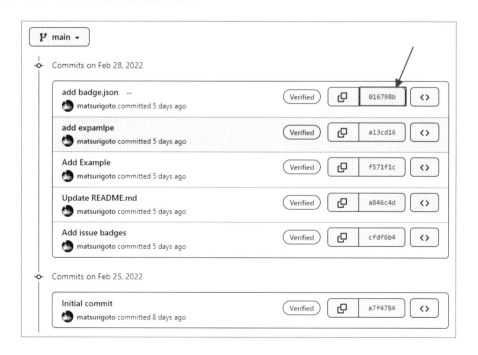

原始的 SHA Hash 相當長，您只需要輸入前 7 碼即可。檢視評論時，被提起 SHA Hash 會以超連結方式顯示。您可以將滑鼠移動至上面檢視簡介，也能點擊連結到該提交紀錄。

下表為關於提交紀錄短網址縮寫方法

參考類型 （以 sha hash 60c23a57d4f2ebad840436845 7944357ca9c13e2 為例）	短網址
Repository 內部的 commit https://github.com/matsurigoto/ActionDemo- DotNETCore/commit/60c23a57d4f2ebad840436 8457944357ca9c13e2	60c23a5
指定 User 的 commit https://github.com/matsurigoto/ActionDemo- DotNETCore/commit/60c23a57d4f2ebad840436 8457944357ca9c13e2	matsurigoto@60c23a5
指定 User name/Repository 的 URL https://github.com/matsurigoto/ActionDemo- DotNETCore/commit/60c23a57d4f2ebad840436 8457944357ca9c13e2	surigoto/ActionDemo- DotNETCore60c23a5

客製化 Autolink references

有讀者一定會有疑問：對於連接到外部 (非 GitHub) 的網站，是否能設定自動連結參考？答案是肯定的，您可在 Repository 上方功能列點選 Settings，在左邊選單找到 Autolink reference，即可檢視您自訂連結參考清單。點選右上方 Add autolink reference 建立新的自動連結考。

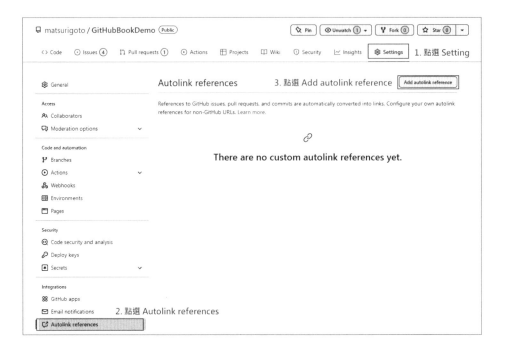

自動連結參考格式為：**前置詞 -<number>**。當您在 Issue、Pull Request 或 Commit 內使用時，會自動幫您加上超連結，格式為：< 您的連結 ><number>。

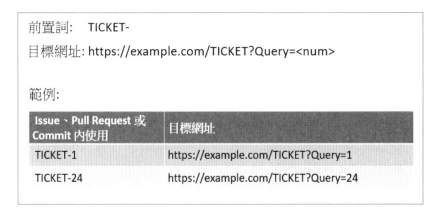

於自動參考連結新增畫面上，加入前置詞 (Reference prefix) 與目標網址，點選下方 Add autolink reference 按鈕。

Autolink references / Add new

Reference prefix *

TICKET-

This prefix appended by a number will generate a link any time it is found in an issue, pull request, or commit.

Target URL *

https://example.com/TICKET?Query=<num>

The URL must contain <num> for the reference number.

Preview: TICKET-123 → https://example.com/TICKET?Query=123

Add autolink reference

當您在 Issue、Pull Request 或 Commit 時使用自訂自動連結參考,檢視時會自動加上對應的目標網址。

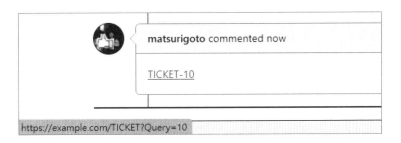

Permanent link

開發團隊經常需要對程式碼進行審查 (Code Review),雖然 Autolinked references 可以連結某次修改提交,但不能明確指出有問題的行數,討論過程中仍需要手動上下拖拉畫面,才能找到要討論的程式碼,相當不方便。GitHub 提供了 Permanent link 功能,可以幫您連結至該程式檔案,並反白您想要說明的程式碼區塊。

在 Repository 功能列上點 Code,開啟任何一個程式碼檔案。滑鼠左鍵點選需要標註的行數,點選 ⋯ 按鈕,選擇 Copy permalink。

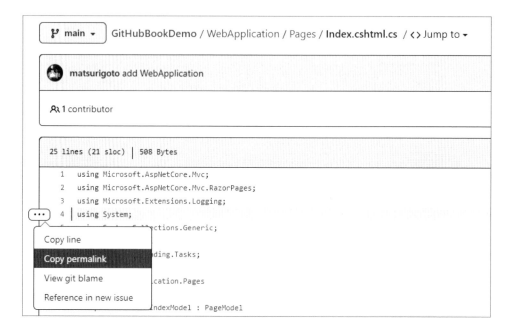

若您要一次標註多行，您可以先滑鼠左鍵點選標註程式碼區塊的第一行，再使用 Shift + 滑鼠左鍵選取範圍，即反白程式碼區塊，一樣點選 ⋯ 按鈕，選擇 Copy permalink。

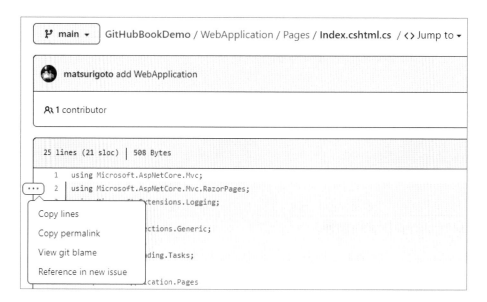

複製的網址為：https://github.com/matsurigoto/GitHubBookDemo/blob/63b720179001b2bae59126a7915610e4ef460943/WebApplication/Pages/Index.cshtml.cs#L2-L7，最重要的部分為 #L2-L7，意思為第 2 行至第 7 行 (若只有 #L1，則代表第 1 行)。

直接將網址貼在評論內，其他與會者即可透過這個連結，直接檢視要討論的程式碼區塊。

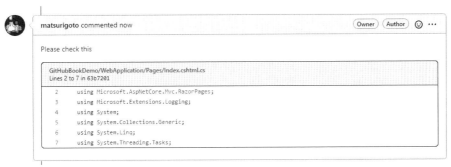

▲ Permanent link 可以讓您預覽目標程式碼區塊，也提供連結至該檔案，檢視完整程式碼

另外，若您要連結的檔案不是程式碼而是 Markdown 檔案，您可以在網址後方加上 ?plain=1 參數，即可以檢視 Markdown 原始內容，而不會以網頁渲染方式呈現。以下列網址為例，則為連結至 README.md 檔案內的第 7 行

github.com/<organization>/<repository>/blob/<branch_name>/README.md?plain=1#L7

Tip: 透過 .. 按鈕，點選 Copy permanent link 的方式，無須注意是 markdown 或程式碼檔案，會自動幫您準備好正確的網址。

▶ 快速回覆的好幫手 - Saved Replies

身為 Public Repository 擁有者或協作成員，經常需要回覆其他貢獻者所建立的 Issue 與 Pull Request，更不用說知名的 Open Source Project，所面對的問題數量更為驚人。GitHub 提供回覆訊息存檔功能，您可以儲存常用的回覆訊息，在合適情境中重複使用，不需要每次手動輸入相同回覆內容，節省更多時間。

Tip: 每一個帳號最多可以儲存 100 則 Saved Replies。若超過此限制，則建議您刪除不再使用的回覆，或修改目前現有訊息。

要使用 Saved Replies 功能，先點右上方使用者圖示，點選 Setting。

點選左邊選單中的 Saved replies。上方已經儲存回覆，您可以在此編輯 / 刪除既有資料；下方可以新增儲存回覆，輸入可以重複使用的訊息 (如下圖範例，輸入 Hi Team,)，點選 Add saved reply 按鈕即完成。

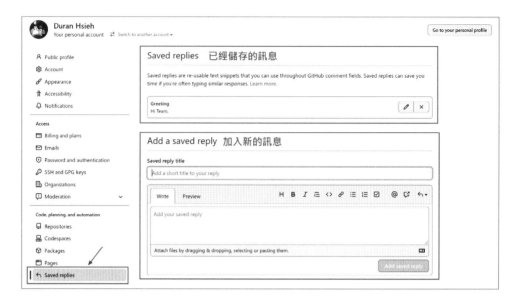

在留下評論的編輯器中，點選右上角 ← 按鈕，即會出現回覆清單，選擇您要的回覆，系統將自動內文加入輸入框中。

Tip: 出現回覆清單時，可以透過組合鍵 Ctrl＋數字快速選擇合適的回覆內容

Tip: 上圖 Duplicate of # 為預設回覆訊息，是一個很好的使用案例。如同在 Stack Overflow 網站提出問題，您可以使用這則儲存回覆告知提出人員為重複的議題，並使用自動連結參考前往該議題，以減少大量重複問題發生。

▶ 流程管理的重要功能 – Label

您可以使用 Label 對 Issue、Pull Request 與 Discussion 進行分類,以方便管理在 GitHub 上的工作。如同前面所提到,新的 Repository 已經預設許多 Label,幫助您快速建立標準的工作流程。理所當然,你可以在晚些時候編輯或刪除這些預設 Label。除此之外,許多 Repository 擁有者會自訂 Label 以符合工作流程與管理需求。

任何人只要有 Repository 寫入權限,即可建立 Label。您可以在 Repository 上點選 Issue 或 Pull Request,在條列頁上即可看見 Label 按鈕。

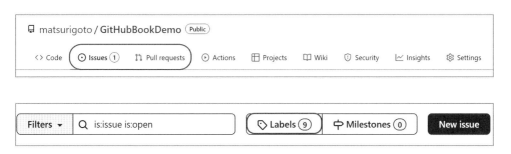

您能透過右上角 New Label 按鈕建立新的 Label,也能在 Label 條列清單內編輯、刪除既有的 Label。我們點選 New Label 按鈕,準備建立自訂的 Label。

▲ 您可以任意編輯 / 刪除預設的 Label

輸入 Label name、Description 並選擇顏色 (可隨機產生，或自行輸入色碼)，並且檢視左上方預覽畫面。確認後點選 Create label 按鈕，即完成建立自訂標籤。

後續您可以在 Issue 或 Pull Request 編輯畫面右方側欄找到 Label 設定，點選設定按鈕 (齒輪按鈕)，搜尋並加入合適的 Label。

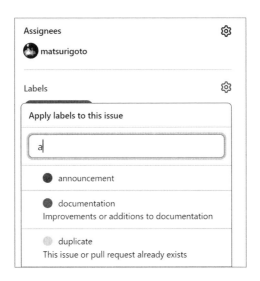

後續您能在 Issue 或 Pull Request 搜尋框內使用 Label:<Label 名稱 > 進行進階搜尋，列出所有相同 Label 的 Issue 與 Pull Request，以方便彙整。

Tip: 您能在 Label 加上表情符號，讓您的 Issue 或 Pull Request 更加生動。編輯 Label 畫面，在 Label name 內輸入文字，即會出現表情符號下拉選單，其完整文字格式為 :{ 表情符號代碼 }:。

選好表情符號後點選 Save Change 按鈕，即可看見生動活潑的 Label

announcement ▪▮

更多關於表情符號資訊，請參考

1. 表情符號清單

　https://github.com/ikatyang/emoji-cheat-sheet/blob/master/README.md

2. GitHub emojis API:

　https://api.github.com/emojis

3. GitHub emojis Docs

　https://docs.github.com/en/rest/reference/emojis

專案時程管理 – Milestone

Milestones（里程碑）原先的定義為目前位置與終點之間的距離，在軟體專案管理內被視為階段性可交付的內容，常用於評估專案進度。在 GitHub 也不例外，可以在主要的時間點上追蹤相關 Issue 與 Pull Request。在 Milestone 畫面上會呈現：

- 專案工作事項、相關團隊和預計到期日

- milestone 截止日期與完成百分比

- milestone 相關的 Issue 與 Pull Request 的 Open 與 Closed 數量

▲ Milestone 包含每階段交付的時間與事項

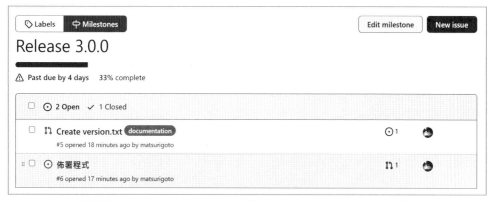

▲ 將相關 Issue 與 Pull Request 放入 Milestone，以方便追蹤進度

若要建立 Milestone，可以在 Repository 上點選 Issue 或 Pull Request，在條列頁上即可看見 Milestone 按鈕，點選它進入 Milestone 清單。

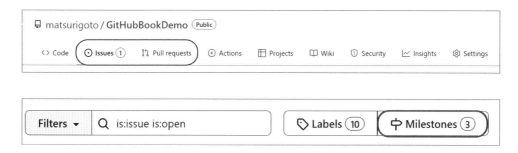

點選右上角 New Milestone 按鈕

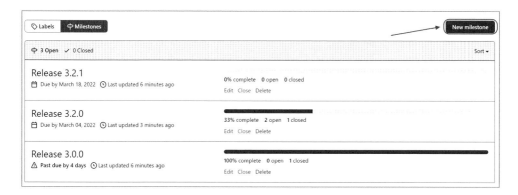

依序輸入 Title(標題)、Due Date(截止日期) 與 Description(描述)，完成後點選右下角 Create milestone 完成建立。

後續您可以在 Issue 或 Pull Request 編輯畫面右方側欄找到 Milestone 設定，點選設定按鈕 (齒輪按鈕)，搜尋並加入合適的 Milestone。

您也能在 Issue 或 Pull Request 條列頁面可以一次選取多筆資料加入 Milestone

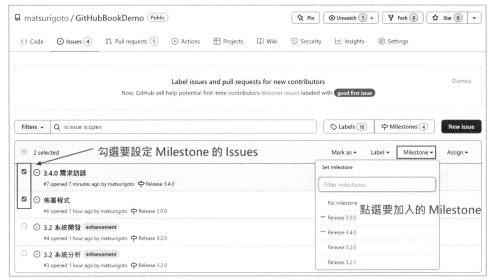

▲ 條列頁面可以一次多筆設定 Label、Milestone 與 Assign

Milestone 內同時包含 Issue 與 Pull Request，其中有合併圖示的為 Pull Request，綠色圓圈圖示的為 Issue。您可以依據優先權，以拖拉方式上下調整順序，讓團隊了解那些工作事項是優先處理的。

▶ 文件管理功能 – Wiki

Wiki 泛指為允許多人協作的知識管理服務。在軟體開發過程中，多少會有一些相關知識與技術說明需要明確記錄下來，可能是專案管理文件、系統操作手冊、標準作業程序、系統架構或團隊準則…等。這些文件需要被保留並隨時更新，讓維運人員或新進同仁可以藉此了解專案如何運作，快速地進入狀況。常見的 DevOps 工具 (如 Azure DevOps 或 GitLab) 皆有提供知識管理服務 (Wiki) 作為另外文件管理功能。理所當然，GitHub 也不例外。

Tip:　使用 Wiki 作為文件管理另一個好處即是一致文件編輯體驗，不需要煩惱要用記事本、Word 或 PowerPoint 或其他程式語言來設定或撰寫文件。

若您的 Repository 為 Public，建立在此 Repository 的 Wiki 可以公開存取；若 Repository 為 Private，則只有可以訪問此 Repository 的使用者有權限存取 Wiki。您能在 GitHub 上直接編輯 Wiki，也能在本地端編輯，一般來說，只有擁有寫入 Repository 權限的使用者才能對 Wik 進行修改。

開始建立 Wiki

你能在 Repository 上方功能列中，找到 wiki 按鈕。如下圖所示。當 Wiki 內沒有任何內容時，可以點選中間 Create the first page 按鈕，開始 Wiki 頁面

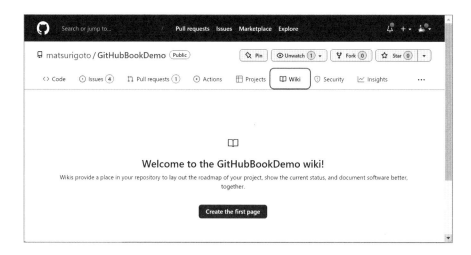

在編輯畫面，您可以定義頁面名稱與編輯內容。有別於 Issue、評論等編輯方式，Wiki 頁面編輯器多了 Edit Mode，您可以選擇習慣的方式進行文件撰寫。當您完成相關內容，點選右下角 Save Page 按鈕。

完成建立首頁，您可以對側欄 (Sidebar) 與頁腳 (Footer) 進行客製化的編輯，如同一般網站的版型。

▲ Sidebar 與 Footer 是共用的

編輯側欄與一般頁面方式相同，只差別在於名稱為 _Sidebar（固定格式不能更改，一旦更改則會變成一般頁面）。頁角設置方式也相同。

在頁面編輯畫面，您可以透過右上角 Page History 按鈕檢視修改紀錄；也能透過 Delete Page 按鈕刪除頁面。

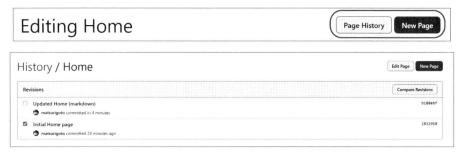

▲ Wiki Page 歷史紀錄提供比對功能

完成編輯後，即可看見完整的 Wiki 畫面

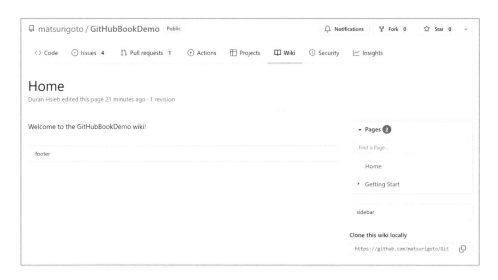

Tips: 隨著專案發展，文件會越來越多，Wiki 也會越來越豐富，理所當然，良好的分類才能讓你的團隊成員快速取得想要的資訊。

本地端編輯 Wiki

在 wiki 頁面右下角,可以看見 Clone this wiki locally 區塊。這裡提供了 Git 連結與複製按鈕,您可以透過這個連結,使用 Git 指令或工具將 wiki 資訊下載至自己電腦。首先,我們先點選右邊的複製按鈕。

我們透過 TortoiseGit 工具複製 Wiki 內容。在要下載的資料夾內空白處點選右建,點選 Git Clone。

確認 URL 無誤,點選 OK 開始下載

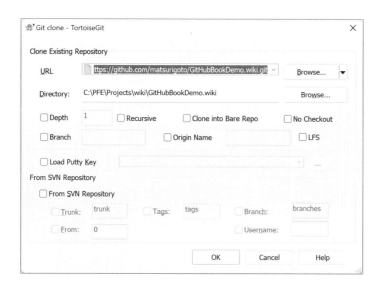

開啟資料夾，可以看到所有的 pages (markdown 檔案)。後續您可以在本地端進行編輯，完成後進行提交與推送 (Git Commit & Push)，即可更新 Wiki。

OSDisk (C:) › PFE › Projects › wiki › GitHubBookDemo.wiki ›

Name	Date modified	Type	Size
.git	3/4/2022 4:30 PM	File folder	
_Footer.md	3/4/2022 4:30 PM	MD File	1 KB
_Sidebar.md	3/4/2022 4:30 PM	MD File	1 KB
Getting-Start.md	3/4/2022 4:30 PM	MD File	1 KB
Home.md	3/4/2022 4:30 PM	MD File	1 KB

▲ 您可以透過 Markdown 編輯器進行修改，如 Visual Studio Code

▶ 為您的 Repository 建立社群論壇 - Discussions

Repository 擁有者可以透過建立 GitHub Discussions 讓大眾參與討論、提出和回答問題、分享資訊、發佈公告。有別於 Issue，Discussions 像是基於 Repository 的論壇，提出的內容不需要在看板上追蹤進度、與程式碼進行關聯，更不需要進行關閉，是一個較為透明開放的區域。專案管理者可以張貼公告、收集意見與進行決策;訪客、貢獻者與維護者可以提出問題、提供答案與標註答案。Discussions 提供一個溫馨氛圍,讓所有人參與和 Repository 相關的討論。

預設 Discussions 功能不會啟用,您可以 Repository 上方功能列選擇 Settings,一般設定 (General) 內 Features 啟用它。

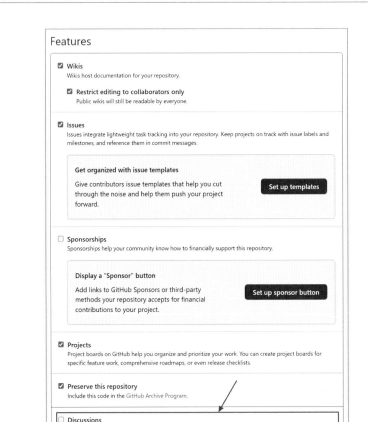

啟用後，於 Repository 上方功能列即可看見 Discussions 功能。您可以點選右上方 New discussion 按鈕開始建立第一個討論。

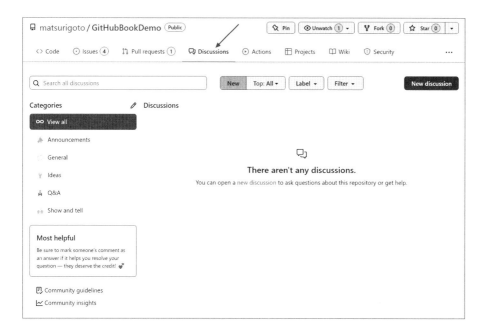

選擇類別、輸入標題與內文，點選下方 Start discussion 按鈕即完成發文。

▲ Discussions 可以使用 Label 進行分類

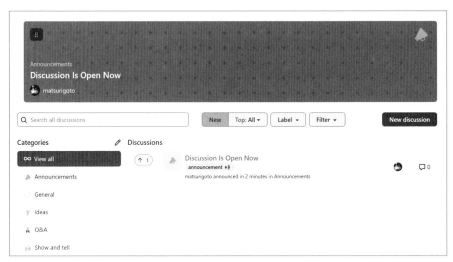

▲ Discussions 就像論壇一樣，提供交流空間

您可以對於討論內容給予贊同，或給予表情符號表達感受。在右下角有進階管理功能，有權限的管理人員可以鎖定對話、將此內容釘選在條列頁最上方、從此討論內容建立 Issue 或刪除此討論內容。

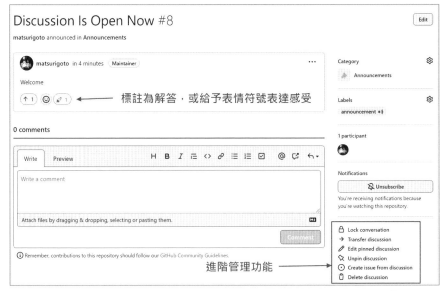

▲ 若您對該討論內容有興趣，可以訂閱 Discussions 以接收通知

類別管理

Discussions 預設幫您建立 5 個類別，管理者可以在類別旁邊點選編輯按鈕，
進行管理。

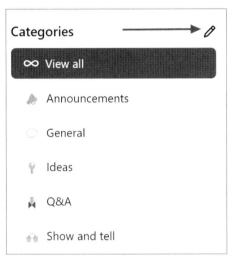

▲ 管理者可以編輯類別

在類別管理畫面，您可以進行新增、編輯與刪除。每一個 Repository 最多
可以有 10 個類別。

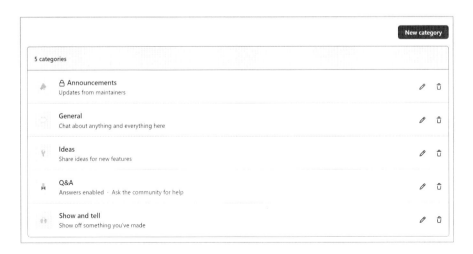

每一個類可以選擇一種形式：開放式討論、問答或公告。不同的形式的討論會有不同的功能，開放討論提供社群對話；問答則提供詢問問題、提供答案與投票選擇最佳解答；公告只有維護人員或管理者可以使用，僅提供其他與會人員回應。

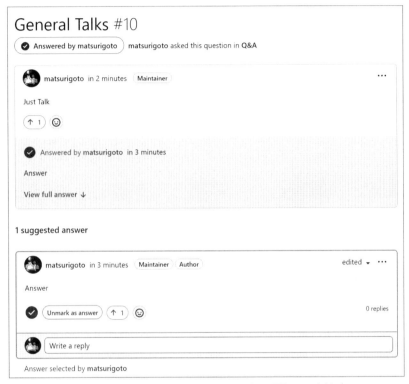

▲ 問答形式的討論可以標註哪一個回覆是正確答案

▶ 專案管理 – GitHub Projects

GitHub 目前提供兩種不同版本 Projects：看板式 (Board) 專案與試算表式 (Spreadsheet) 專案。在撰寫這本書時，試算表式 (Spreadsheet) 專案仍在 beta 階段，所以本篇文章會介紹看板式 (Board) 專案。

前者可以建立個人的 Projects (包含多個 Repository)，也可以連結 Repository 作為建立專屬的 Projects。Board Projects 可以加入 Repository 內的 Issue 與 Pull Request 至 Board 進行管理，並進一步設定自動化功能，當其狀態改變時進行特定動作。

▲ Board Projects

後者則是以使用者個人為主 (包含多個 Repository)，以試算表方式過濾、排序與分組方式來管理 Issue 與 Pull Request。

▲ Spreadsheet Projects (Beta)

Tip: 看板 (Board 或 Kanban，源自於日文的看板)，它是一種生產管理流程，源自於豐田汽車，透過卡片 (便利貼) 方式進行紀錄，主要在管理製作流程與數量。它應用於軟體工程，是一個熱門的框架 (Framework)，常用於實作敏捷或 DevOps 開發。

Tip: 看板使用很容易便成為個人記事本或純粹的專案工作追蹤工具，大多數使用者不了解看板方法實踐 (如：流程視覺化、流程改善與再製品管理) 與看板方法原則 (如：從執行的任務開始、同意追求漸進式進化、各級領導)，沒辦法讓看板發揮最大功效。建議讀者可以閱讀李智樺老師所撰寫的書籍 - 精實開發與看板方法，會對於專案管理會加得心應手。

建立 Projects 有兩種方式：您可以在 Repository 功能列上點選 Projects，點選右上方 New Project 按鈕。從此方式建立的 Project 會自動連結 Repository。

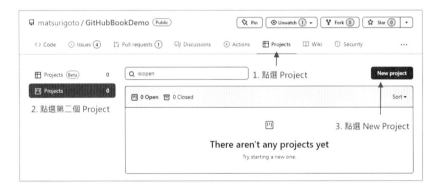

輸入專案看板名稱、描述與 Template，點選 Create project 按鈕即建立專案

您可以使用 Template 快速設置看板。使用 Template 會幫您建立預設狀態欄 (如：To do、In progress、Done) 與如何使用的提示卡片。您也可以選擇已設定好自動化規則的看板。這裡我們選擇 Basic kanban。

Template	描述
None	不使用任何 Template
Basic kanban	預設建立 To do、In progress、Done 狀態欄
Automated kanban	卡片會自動在 To do、In progress、Done 狀態欄移動
Automated kanban with review	卡片會自動在 To do、In progress、Done 狀態欄移動，並對於 Pull Request 時進行觸發
Bug triage	以解決 Bug 為目的，預設建立 To do, High priority, Low priority, and Closed 狀態欄

另外一種建立 Projects 的方式，可以從個人基本資料功能列點選 Project，點選右邊 New Project 按鈕。

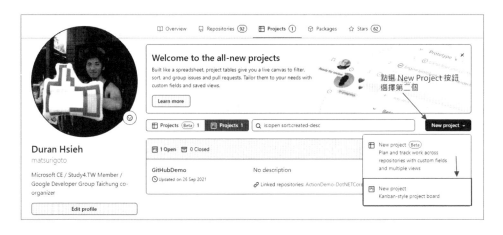

透過基本資料建立 Projects 時，除了專案看板名稱、描述與 Template 資訊，需要額外選擇可見度 (Public 或 Private) 與想要連結的 Repository (可選欄位)。我們選擇 Public，並且連結 Repository，點選 Create project 按鈕即建立專案。

Project 建立完成畫面如下，因為我們使用 Basic Kanban Template，所以看板上已經建立了三個狀態：To Do、In Progress 與 Done，並且新增一些提示卡片在 To Do 狀態欄內。

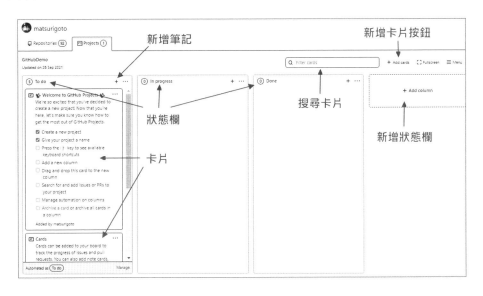

每一張卡片可以是筆記、Issue 或 Pull Request，當工作狀態改變時，可以使用拖拉的方式，將卡片移到下一個狀態列。

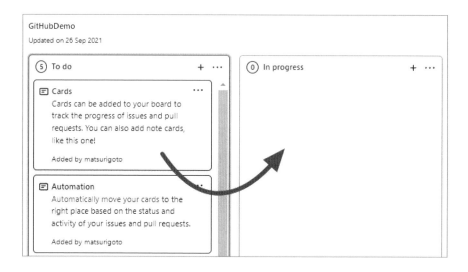

若只需要增加筆記或提醒事項，可以在狀態欄上方點選 + 按鈕，輸入文字後點選 Add 按鈕，即可增加筆記卡片。

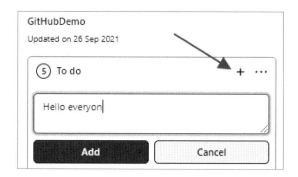

若要從 Repository 加入 Issue 或 Pull Request 進行管理，只需要點選右上方功能列中的 Add cards 按鈕，即可搜尋並加入想要追蹤工作。

點選右上方功能列中的 Menu 按鈕，即可檢視 Projects 狀態 (名稱、描述與連結的 Repository) 與在 Projects 所有操作紀錄

依據團隊工作流程，您可能需要增加額外的工作狀態。舉一個例子：工程師完成工作後，該卡片轉移至 Done 狀態，等待客戶驗收後，則轉移至 Closed 狀態。在這種情境下，目前既有的看板即需要新增一個狀態欄。在畫面最右邊找到 Add Column，新增 Closed 狀態欄。

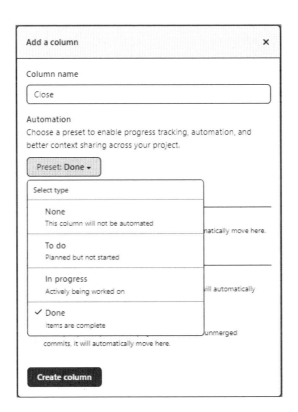

Column 可以為三種類型：To Do、In Progress 與 Done，分別為工作前、中、後階段。依我們剛剛情境，Done 與 Close 屬於工作完成後的兩個狀態，所以我們設定為 Done。

不同階段的狀態欄有不同的自動化選項，以 Done 類型來說，可以設定下列自動化選項：

1. 當 Issue 關閉後，自動將卡片移動至此狀態欄

2. 當 Pull Request 合併後，自動將卡片移動至此狀態欄

3. 未合併的提交關閉時，自動將卡片移動至此狀態欄

每一個狀態欄皆可以依據情境，設定自動化工作流程，讓 Issue 與 Pull Request 在看板上能同步狀態。下表為不同類型的狀態欄，可以自動化設定的內容。

狀態	設定選項
To do	移入所有新加入的 Issue 移入所有新加入的 Pull Request 移入所有 Reopen Issue 移入所有 Reopen Pull Request
In Progress	移入所有新加入 Pull Request 移入所有 Reopen Issue 移入所有 Reopen Pull Request 移入所有符合在基礎分支且需要最小人數 Revuew 設定之條件的 Pull Request 移入所有不符合在基礎分支且需要最小人數 Revuew 設定之條件的 Pull Request
Done	移入所有所有關閉 Issue 移入所有已合併 Pull Request 移入所有已關閉，但沒有 Merge 的 Request

回到看板，您可以看見剛才建立的狀態欄。若您想要設定其他狀態欄自動化功能，只需要點選狀態欄右上方 ⋯ 按鈕，選擇 Manage automation 即可。

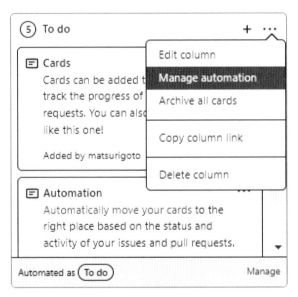

▲ 若狀態欄有設定自動化，最下方顯示 Automated as 文字

在 To Do 狀態欄內將所有 Newly Added（當 Issue 或 Pull Request 被加入看板時會自動放入 To Do 狀態欄）選項勾起，點選 Update automation 按鈕完成設定。

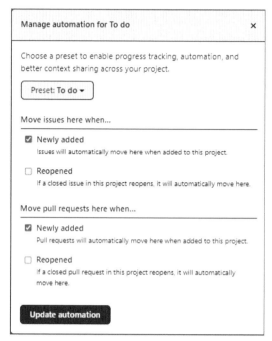

▲ 使用 Basic Kanban Template 建立的 To Do 狀態欄，已經預設自動化選項

我們簡單測試自動化功能：開啟與 Project 連結的 Repository，上方功能列點選 Issue，點選右上方 New Issue 按鈕。

輸入 Test for Board，右邊側欄找到 Projects，點選設定按鈕後選擇正確的看板。完成後點選下方 Submit new issue 按鈕以建立新 Issue。

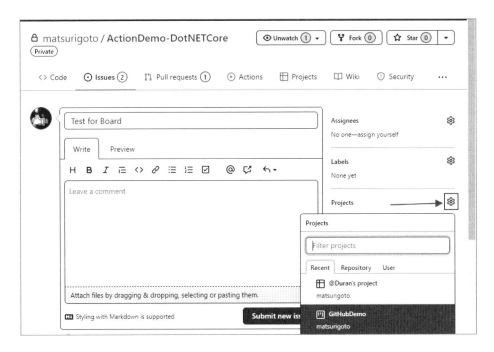

最後，我們回到看板，您能看到新增的 Issue 已經在 To Do 狀態欄內。

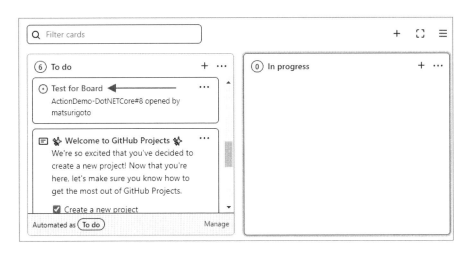

當完成的工作越來越多，可以透過卡片進行封存 (Archive) 動作以整理您的工作流程，讓卡片不在顯示在看板，但同時保留工作歷史紀錄。點選卡片右上方 ⋯ 按鈕後選擇 Archive，該卡片即進行封存動作。

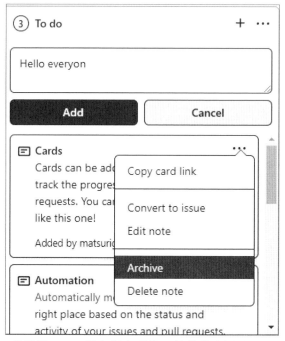

▲ 若對於 Issue 進行封存動作，其狀態會變成 Closed

後續若有需要檢視已經儲存的卡片，可以點選右上角 Menu 按鈕。

再點選 Menu 選單右上 ⋯ 按鈕，選擇 View Archive，即可以檢視被封存的卡片。

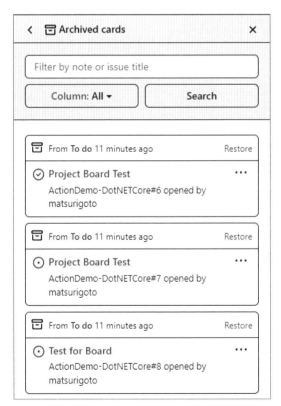

▲ 封存卡片，若有需要隨時可以進行恢復

在這一個章節，我們說明了如何使用 Template 建立 Project Board、連結
Project 和 Repository、加入不同類型的卡片 (筆記、Issue 與 Pull Request)、

使用自動化設定讓看板管理更流暢、封存卡片與檢視封存內容。經過這些說明，相信您對於 GitHub Project Board 功能應該有基本的認識。下一個章節，我們將開始詳細介紹 GitHub 重要主題：GitHub Flow。

Chapter **4**

GitHub 與 DevOps

▶ DevOps 流程參考實現

DevOps 是 Development 和 Operations 兩個詞的組合，是一種理念與一組實踐。DevOps 是一種將開發、IT 維運和安全團隊一起合作工作方式，在整個軟件開發生命週期共同組建、測試和提供定期回饋。從文化變更到 CI/CD 自動化，DevOps 團隊聚集再一起以提供更快速、更好的軟體。

一般來說，常見的 DevOps 工作流程是從專案管理 (Plan & Track)、開發 (Develop)、建置與測試 (Build & Test)、維運 (Operate)、監控與反饋 (Monitor & Learn) 六個不同的流程持續執行，達到持續交付之目的。

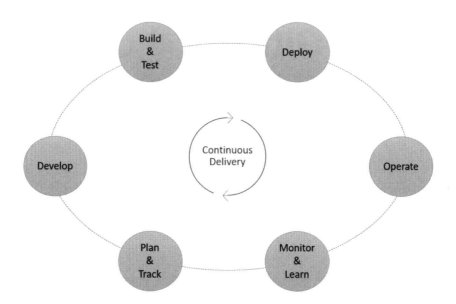

但是以 GitHub 角度來看，起點不是從專案管理 (Plan & Track) 開始，而是以 Repository 為中心發展。這樣與眾不同的 DevOps 流程有一個優勢，即是聚焦於該 Repository 的內容與交付品質，這樣的做法可以避免在 Plan & Track 階段過度設計與規劃，導致專案發展越走越偏。

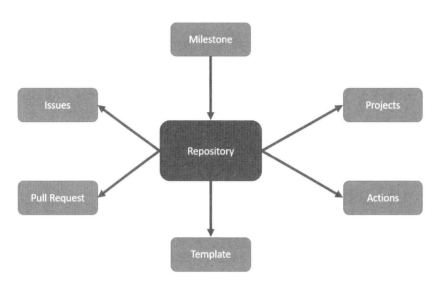

▲ GitHub 功能與 Repository 關係

許多團隊考慮使用 GitHub 前最大的問題就是 GitHub 沒辦法滿足專案管理的需求。雖然 GitHub 有 Issue 功能可以追蹤與管理工作，但似乎無法執行 Scrum、CMMI 或 Waterfull 管理流程。以 Agile 為例，我們列出 GitHub 與 Agile 相關概念。

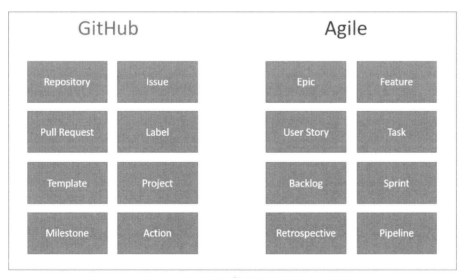

▲ Agile 與 GitHub

您可能會發現除了 Issue 與 Task、Pipeline 與 Action 可以互相對應，其他功能似乎無法完整滿足 Agile 需求。所以使用 GitHub 平台，就不能實行 Agile 管理流程嗎？

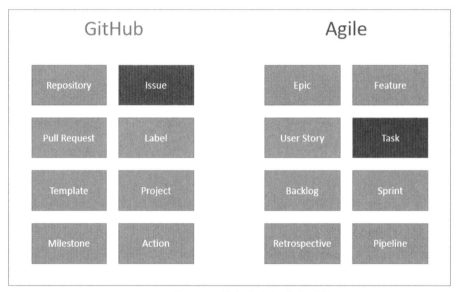

▲ Task 與 Issue 是相似的概念與功能

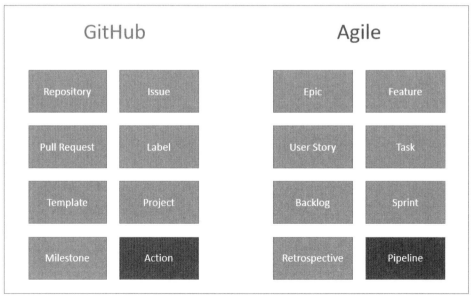

▲ Action 與 Pipeline 泛指持續整合與持續佈署

其實不盡然，我們可以將 GitHub 功能做搭配，即可建立出相同的 Agile 管理流程。Agile 內的 User Story 與 Feature 可以由 Issue + Label(自訂) + Template 達到相同的效果。組織內無論使用哪種管理流程，皆可以以類似的方式，建立出自訂的流程。

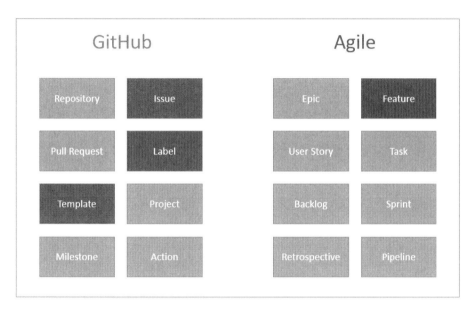

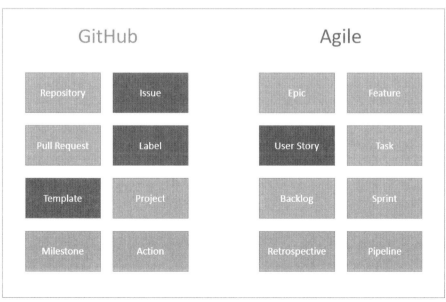

Epic 是一個更大的故事而且尚未拆解，也可以說包含了多個 User Story。比起 Feature 與 User Story 必須使 Milestone 才能準確描述。

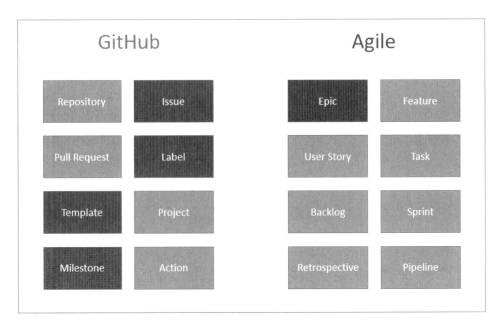

Retrospective (回顧會議) 團隊檢視軟體開發流程的會議。這時候可以從 Project、Issue 與 Pull Request 進行檢視，確認哪些是好的與需要強化的部分，所以可以。Label 與團隊處理工作的流程有密切關係，則檢視 Label 可以確認是否有多餘的流程造成浪費。

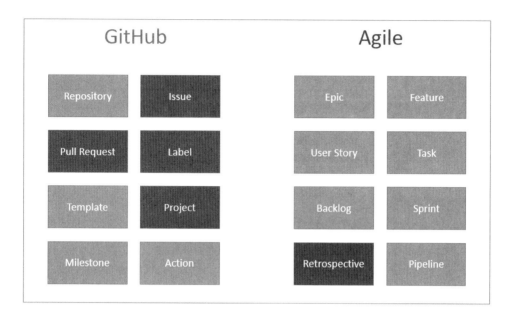

Backlog 為待辦清單，這比較容易理解：完整工作內容應該包含 Issue 與
Pull Request，在使用 Project 進行管理。

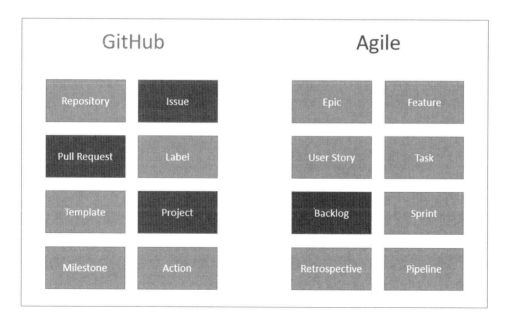

Sprint 可重複且固定的時間週期,在這個週期內快速完成工作,交付可用的內容。在 GitHub 內可以以 Issue、Pull Request、Project、Milestone 組合而成。

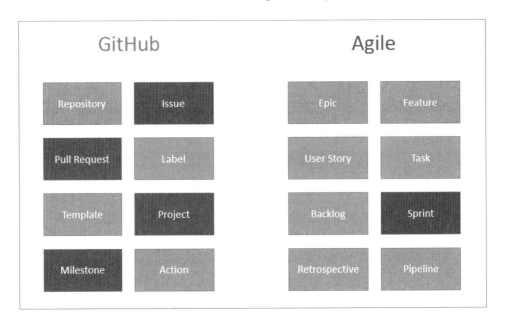

透過上面 Agile 與 GitHub 對應案例,您應該對於如何在 GitHub 建立專案管理流程有一定程度了解。管理流程像是心法,工具即是招式,招式的組合可以達到心法的效果。

談完管理面,我們來談談 DevOps 實踐工具。對於團隊來說,盡可能會優先考慮使用便利且好維護的工具,以降低維護與時間成本。在 DevOps 流程中,工具的支援對於開發 / 維運團隊相當重要,除了是迅速正確交付的基礎外,容易維護的特性可以降低團隊成員的工作負擔。

以 Azure DevOps 與 GitHub 流程實現為例,下圖顯示各自 DevOps 流程中所使用工具。您可以發現兩組 DevOps 流程參考實現圖,皆有可對應的既有功能 / 第三方工具,而不需要團隊自行開發工具進行整合,可以有效提升團隊成功導入 DevOps 機率。相對地,若在選擇 DevOps 工具時若沒有相對應的功能,則可能消耗更多人力與時間成本而導致失敗。

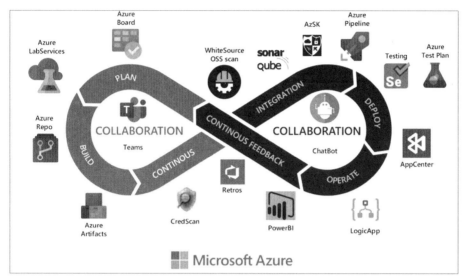

▲ Azure DevOps 整合內部功能、雲端服務與其他第三方套件，可以滿足 DevOps 各階段需求。

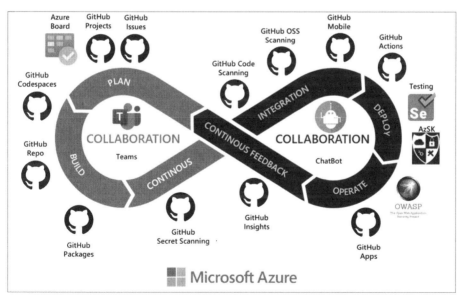

▲ GitHub 多數需求可以透過內部功能滿足

閱讀此章節，您應該對於 GitHub 內的 DevOps 流程有進階的了解。當團隊在挑選 DevOps 工具時，您也能以開發流程實現的角度來檢視，確認哪種工具適合團隊。後續我們陸續介紹 Development、Deployment 與 Security 相關功能，結合本篇文章的流程參考，相信您會對 DevOps 開發流程實現有更全面的了解。

▶ Branch 管理與策略

Branch (分支) 是 Git 重要且常用的功能。分支是一個獨立開發環境，為了避免影響到其他開發環境而設計的。正常情況下，應該會有一個預設的主要分支，並擁有許多不同的分支。當工作完成時，分支可以合併到其他分支。

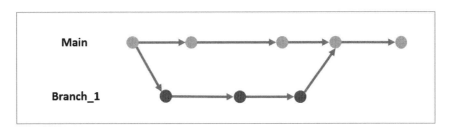

GitHub 平台上提供建立分支與 Pull Request 功能。建立分支的方式非常簡單。若我們要從 main 分支建立一個新的分支進行開發，在 Repository 上方功能列點選 Code，確認目前所在分支為 main 後，點選分支下拉選單，於搜尋框輸入新增分支名稱，點選下方 Create Branch: [分支名稱] 即可。

Tip: 分支名稱為唯一，您無法建立相同名稱的分支

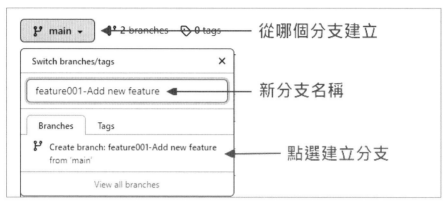

▲ 建立分支時是以目前分支這會當作建立來源

分支建立完成後，會幫您切換到新分支。相同的，您可以透過剛才分支下拉選單，隨時切換不同的分支。

▲ 分支下拉選單兼具新增與切換功能

當我們在新分支完成工作，您可以透過 Pull Request 功能進行合併工作。有別於本地端 Git 直接使用 Merge 進行合併。Pull Request 原來主要用於開源專案提交程式修改，請求 Repository 擁有者拉取並合併修改的分支。Pull Request 過程中會比對來源與目的內容，除了檢視是否有合併衝突，也提供差異讓 Repository 擁有者進行 Code Review，持續與提交人員進行溝通，直到擁有者同意後才進行合併，是一種較為嚴謹的流程。

若要建立 Pull Request 請 Repository 擁有者審核，於 Repository 上方功能列點選 Pull Request，點選右上方 New pull request 按鈕。

▲ GitHub 會自動偵測最近變更的分支，讓您更快建立 Pull Request

選擇合併來源分支與目的分支，GitHub 會列出兩個分支之間的差異 (Diff)，提交者確認無誤後，點選 Create pull request 按鈕

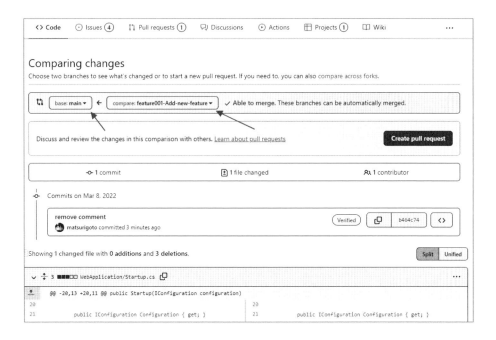

輸入標題與描述內容，於右方選擇 Reviewers、Assignees 並加上合適的 Label、Project 與 Milestone，點選中間下方 Create pull request 按鈕即完成

Tip: 詳細的描述與設定可以審核人員快速提交目的，加速同意 Pull Request 合併

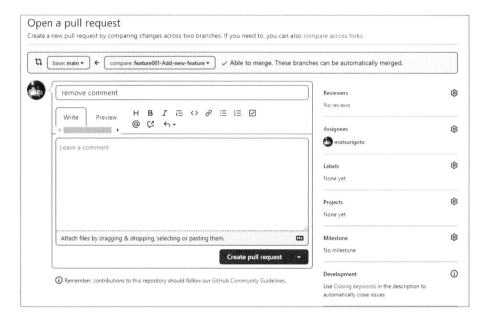

在建立好的 Pull Request 中，您除了可以看見修改與對話紀錄，系統自動偵測來源與目的是否有衝突，呈現在最下方。

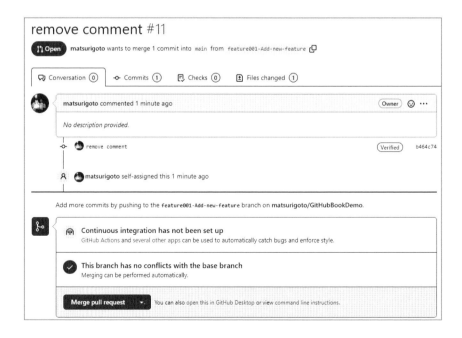

審核人員會前往 Commit 或 File Changed 功能進行程式碼審核，留下評論與提交者互動，也可以點選 Start a review，請提交人員說明或修改後，再同意變更內容。

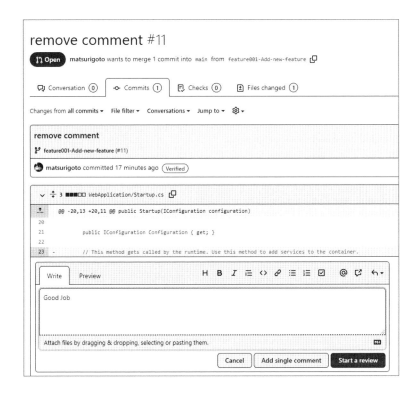

審核人員可以透過 Files changed 內的 Review Change 功能，確認每一個 Review 的狀態。

Tip: 進行 Review 時，建立 Pull Request 與 Review 不能為同一人

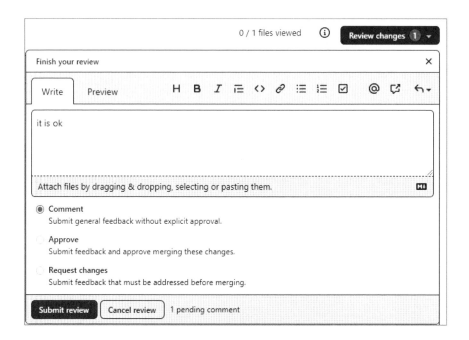

完成後，審核人員可以點選下方 Merge pull request 完成合併工作

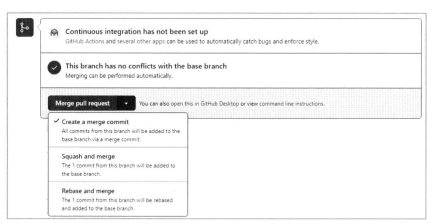

▲ 可以依據團隊習慣選擇合適的合併方式

合併完成後，您可以選擇刪除來源分支。如果沒有特殊情況，建議可以刪除，避免分支過多導致難以管理。

分支安全管理

許多團隊在開發初期經常忽略保護分支的重要性，雖然團隊成員皆充分了解主要分支的重要性，但還是常常聽到因為人為操作失誤，而導致主要分支被刪除的事情發生。實際上，建立 Repository 後第一件重要的事情即是依據團隊分支策略，先設定分支規則 (Branch Policy)，以避免資訊安全威脅與錯誤操作。下列是分支常見的風險：

1. 植入惡意程式碼

Public Repository 因為能接受外部開發人員提交貢獻，可能會遭遇提交惡意程式碼的威脅，面對每次提交的內容，團隊成員都必須謹慎審核。相較於 Public Repository，Private Repository 或公司內部較不容易遇到威脅，仍需要審核人員同意後才能合併，不僅止於是沒有惡意程式碼或套件，也能提升軟體品質。另一方面，我們建議取消處理時間過長且尚未合併 Pull Request，並請提交者重新審視後再建立 Pull Request。一來是隨著專案發展，陳舊的修改並不符合現狀而無法合併，二來也能降低植入惡意程式碼的機會。

2. 敏感資料

在開發過程中，必須確保不會提交任何敏感資料 (如：資料庫連線、密碼、驗證資訊、API Key) 至任何的分支，避免遭到有心人士利用。實際上，掃描 Public Repository 取得或其他敏感資料的事件經常發生，開發人員除了在提交程式碼前需要謹慎不要隨意加入敏感資料，GitHub 也提供許多安全機制與持續整合流程，協助管理者即時發現與處理，避免資訊外流造成威脅。

3. 不符合分支策略或團隊規範的工作流程

某些特殊情境或團隊成員錯誤操作，不小心直接對重要 Main Branch 或 Release Branch 進行錯誤的修改或合併，產生出錯誤的版本，造成一場災難。

雖然正常情況下是可以透過 Git 功能復原，但因為失誤造成的人力與時間成本損失相當不值得。這也是為什麼在建立 Repository 之後，首要的工作是設定分支策略。

GitHub 提供相關分支設定以協助團隊建立符合需求的分支策略，在 Repository 上方工具列點選 Setting，於左邊側欄點選 Branch。在設定畫面，您可以看見預設分支 (Default Branch) 與分支保護規則 (Branch Protection Rule)。預設分支讓您在建立 Pull Request 或提交程式碼時無須更改目的分支，自動將目的分支設定為預設分支。我們可以點選右方 Add Rule 按鈕開始設定分支保護規則。

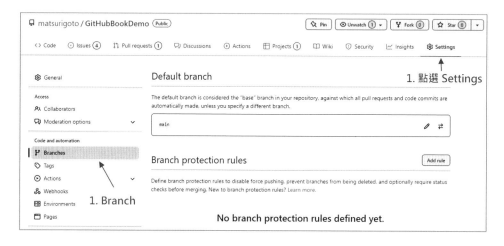

分支保護規則提供分支名稱比對模式 (Branch name pattern)，您可以透過 fnmatch 比對模式，將符合分支名稱套用規則。下表為 fnmatch 比對模式相關範例 (更多參考資料：https://ruby-doc.org/core-2.5.1/File.html#method-c-fnmatch)

Pattern	說明
*	所有分支
*-dev	名稱結尾為 dev 的分支
qa/*	名稱開頭為 qa/ 的分支
c	名稱只要有 c 的分支 (包含開頭與結尾)

分支保護規則如下：

1. 合併前必須經過 Pull Request 所有提交的內容都必須經過 Pull Request 並同意後，才能合併至受保護的分支。

2. 合併前通過狀態檢查必須通過選擇狀態檢查才能將分支合併到與此規則 匹配的分支中。啟用後，必須首先將修改內容推送到另一個分支，然後 在狀態檢查通過後合併或直接推送到與此規則匹配的分支。

3. 合併前需要所有對話標示解決啟用後， Pull Request 內所有的評論狀態 必須為 resolved，才允許合併到與此規則相符的分支。

4. 需要簽章提交 (Signed commits)

   推送到相符分支的提交必須具有經過驗證的簽章。

5. 需要線性歷史紀錄

   防止其他合併的內容被推送到相符的分支

6. 包含管理員

   對管理員強制執行上述所有設定的限制

另外兩項可以套用在所有使用者 (包含管理員) 的規則：

1. 允許強制推送

   允許所有具有推送權限的使用者使用強制推送。

2. 允許刪除

   允許具有推送權限的使用者刪除符合的分支。

Branch protection rule

Branch name pattern *

Protect matching branches

☐ Require a pull request before merging
When enabled, all commits must be made to a non-protected branch and submitted via a pull request before they can be merged into a branch that matches this rule.

☐ Require status checks to pass before merging
Choose which status checks must pass before branches can be merged into a branch that matches this rule. When enabled, commits must first be pushed to another branch, then merged or pushed directly to a branch that matches this rule after status checks have passed.

☐ Require conversation resolution before merging
When enabled, all conversations on code must be resolved before a pull request can be merged into a branch that matches this rule. Learn more.

☐ Require signed commits
Commits pushed to matching branches must have verified signatures.

☐ Require linear history
Prevent merge commits from being pushed to matching branches.

☐ Include administrators
Enforce all configured restrictions above for administrators.

Rules applied to everyone including administrators

☐ Allow force pushes
Permit force pushes for all users with push access.

☐ Allow deletions
Allow users with push access to delete matching branches.

合併前必須經過 Pull Request 是常見的保護規則：設定最少同意人數、若有新的提交則取消先前的同意與需要程式碼擁有者進行審核。

☑ Require a pull request before merging
When enabled, all commits must be made to a non-protected branch and submitted via a pull request before they can be merged into a branch that matches this rule.

☑ Require approvals
When enabled, pull requests targeting a matching branch require a number of approvals and no changes requested before they can be merged.

Required number of approvals before merging: 1 ▾

☑ Dismiss stale pull request approvals when new commits are pushed
New reviewable commits pushed to a matching branch will dismiss pull request review approvals.

☑ Require review from Code Owners
Require an approved review in pull requests including files with a designated code owner.

另外，合併前通過狀態檢查、合併前需要所有對話標示解決與需要簽章提交也是建議的選項，確保通過狀態檢查、所有可能的問題皆解決、確認提交者身分後，才能進行合併動作。理所當然，最後的**允許強制推送**與**允許刪除**是不建議的選項。

Tip: 規則越多可能造成流程不便利，但能避免安全問題與錯誤操作，嚴謹的設定是值得的

當您確認分支規則符合團隊需求並且設定完成，GitHub 會要求再一次輸入進行驗證，完成後立即生效。

▲ GitHub 大多數設定需要再次輸入密碼進行驗證

分支策略

Git 分支的設計運用其實可以很多元，不僅僅只有避免影響其他環境所建構獨立開發環境，對於多人協同開發與快速交付的目的，Git 衍伸出許多不同分支策略，最常見即為設計於頻繁更新版本的 Git Flow。

Git Flow 分支類型相當多，不同類型有不同的任務。

分支名稱	說明
Main(Mater)	主要分支，永久保留 目前 Production 的版本
Development	主要分支，永久保留 目前開發中的版本
Release	當需要發行新的版本時所建立的分支 屬於目前版本的功能持續在此分支開發，後續版本開發工作則維持在 Development 分支 版本釋出後刪除
Feature	新功能開發時建立的分支 合併後刪除
Hotfix	Production 需要緊急修復問題時建立的分支 合併後刪除
Bug	不急需修復問題時建立的分支 (允許於下一個 Release 時修復) 合併後刪除

因為 Git Flow 較為複雜，直接分支與情境同一張流程圖內說明可能讓讀者混淆，所以我們拆分各種情境進行說明。首先是 Feature 分支，當開發人員接收新的功能需求時，會以 Development 作為來源建立新的分支，並進行開發工作。待工作完成後合併回 Development 分支，並刪除 Feature 分支。

Tip: 開發過程中 Development 分支是持續更新的，時間越久會與 Feature 分支差異越大，可能造成大量衝突，導致難以合併的問題。解決此問題有兩個方法：

　　1. 工作拆分越小越好，讓 Feature 分支可以快速完成並合併

　　2. 若無法拆分工作，開發人員需要每天從 Development 分支合併 Feature 分支

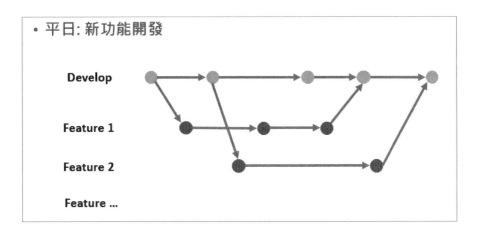

接近版本釋出時間前，Release Manager 會以 Development 為來源建立 Release 分支，並告知所有團隊成員與此版本有關但尚未完成工作的分支，後續需要合併至 Release 分支。此時下一個版本的開發工作可以在 Development 分支開始進行，以確保不會有不屬於這次版本的內容釋出。

Release 與 Development 在此階段於兩個不同開發分支，分別有不同的提交，Release Manager 需要定時將 Release 分支合併回 Development 分支，避免差異過大進而產生衝突，導致程式碼無法整合。

當這次版本佈署至正式環境時，我們會將 Release 分支合併至 Master 並建立 Tag (版號)，並以 Master 分支進行佈署。最後我們會將 Release 合併回 Development 確保程式碼內容一致。

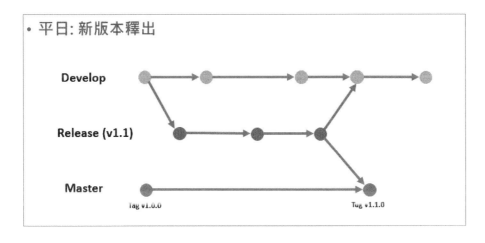

Release 版本在正式上線之前，會佈署至測試或類正式環境進行測試，一旦發現問題需要修復，即可以 Release 分支為來源建立 Bug 分支，修復後合併回 Release 分支並刪除。

另一種情境為新版本釋出後，發現有些問題需要修復，但這些問題不影響系統營運，可以建立一個版本進行修正。此時 Release Manager 會從 Main 分支建立 Release 分支，並請開發人員以此分支為來源，建立 Bug 分支進行修復工作，完成後合併回 Release 並刪除。

結合上述所有情境與流程，即為下面這張 Git Flow 完整流程圖。

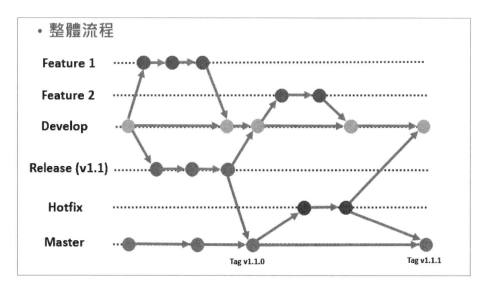

有許多團隊認為 Git Flow 過於嚴謹，執行時常遇到分支衝突問題。理所當然，除了 Git Flow，還有 GitHub Flow、Fork Flow、GitLab Flow、Trunk Based Development…等不同的執行流程。在下一個章節，我們會繼續介紹與 GitHub 有關的 GitHub Flow 與 Fork Flow，讓讀者了解分支策略的優點與缺點，進而挑選出適合自己團隊的執行方式。

▶ GitHub flow 與 Fork Workflow

GitHub 提供一個輕量級、以分支為基礎的工作流程 – GitHub Flow，不僅僅只有開發人員，也適用於團隊內其他成員。GitHub 自身的站台策略、文件管理與技術路線 (Roadmap) 也是使用 GitHub Flow 作為工作流程。

GitHub Flow 的分支策略只有一個主要分支 (Main)，其他分支皆用於開發工作，沒有明確的細分。GitHub Flow 分成 6 個步驟，您能透過 GitHub 網頁介面、GitHub CLI 與 GitHub Desktop 完成所有步驟。

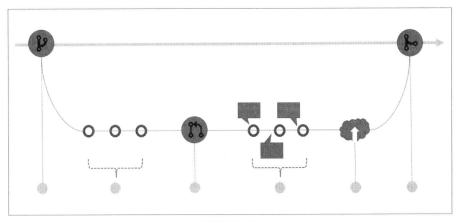

▲ GitHub Flow

建立分支

在 Repository 建立新的分支，以簡短、描述功能的方式進行命名，讓團隊成員可以一眼就理解目前進行什麼工作，如：add-testing-module 或 logo-alignment-issue。在新的分支上進行修改不會影響主要分支，後續建立 Pull Request 時也提供其他成員檢視你的工作內容。

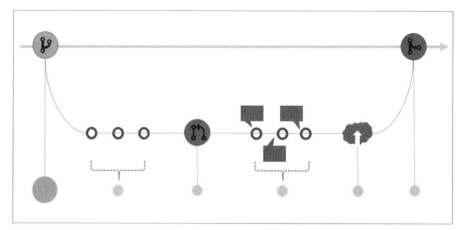

▲ 第一步驟：建立分支

Tip: 不相關的工作盡可能建立不同的分支進行開發，除了讓審閱人員更容易閱讀與提供評論，未來有什麼問題，其他的開發人員也能更快理解並接續開發或復原工作。此外，若有其中一組開發工作延遲，也不會影響到其他分支進度。

做些改變與提交

新的分支是安全的環境，如果出了錯誤，隨時可以恢復修改。在合併之前，這些修改不會在主要分支上出現。理想情況下，讓每一個提交都是獨立且完整的修改，會讓您比較容易進行恢復。舉例來說，如果要進行重新命名變數工作與加入測試案例工作，盡可能將變數命名工作放在同一提交，測試案例工作放在另一個提交。當後續若遇到變數命名工作需要還原但要保留測試工作的情境時，您可以恢復命名工作的提交輕鬆完成目標。反之，您可能會花更多心力在恢復修改。

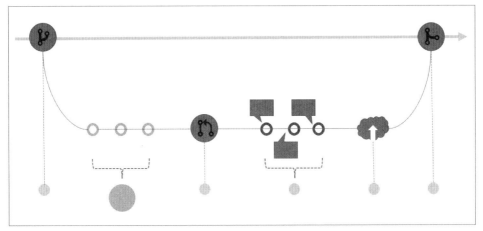

▲ 第二步驟：編輯與提交

Tip: 除了獨立且完整的提交，也盡可能將開發工作拆分成較小且完整的步驟，規律地完成每一個步驟後進行提交，並加上完整的描述。分次提交可以讓審查人員理解您的意圖與修改內容，有助於加速審核流程。此外，一旦發生問題需要修改，您也能透過既有的提交進行 Revert 或 Cherry-pick。

建立 Pull Request

Pull Request 為要求 Repository 擁有者或團隊成員對您的修改進行審核與回饋，這也是最有價值也讓人津津樂道的功能：提交者與審核者會進行互動，彼此確認這些修改是有效且符合需求的。當提交被認同並且成功合併後，恭喜，您也成為專案的貢獻人之一。

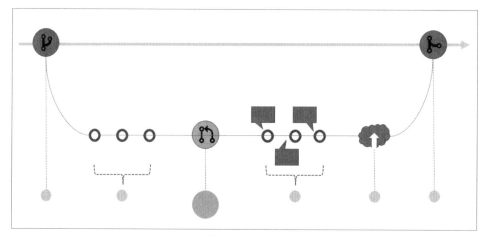

▲ 第三步驟：建立 Pull Request

建立 Pull Request 時，請盡量加入修改摘要與要解決的問題。您可以使用圖像、連結或表格方式提供更完整的資訊。Pull Request 與 Issue 整合的非常好，如果您的 Pull Request 與某個 Issue 相關，請務必連結該 Issue，讓相關人員了解 Pull Request 內容。當 Pull Request 合併後，Issue 將自動關閉。

▲ Pull Request 有許多功能可以提供更多資訊給審核人員

討論與檢視程式碼

相關人員檢視後應該會留下問題、評論與建議，可能是程式風格不符合規範，也可能缺少測試案例。提交者將逐一澄清這些問題與評論，或依據建議進行修改。審核人員可以對於整個 Pull Request 發表意見，也可以對特定行添加評論。所有的互動皆會完整記錄，讓每一位參與者可以清楚了解來龍去脈。

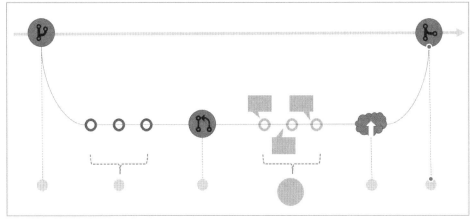

▲ 第四步驟：檢視與審核程式碼

合併前部署

Pull Request 經過審核且看似一切完美的時候，即可開始最後測試。GitHub 提供 GitHub Action (持續整合與持續部署) 讓您在合併前可以執行建置、測試、程式碼分析，並部署 Test、UAT 或 Production 環境。雖然在本地端確認修改後的程式可以正常執行是開發人員的基本職責，但進一步在 GitHub Action 進行部署流程可以避免環境問題 (如本地測試時可以正常運作，部署後卻無法啟動網站)，大幅提升軟體品質。

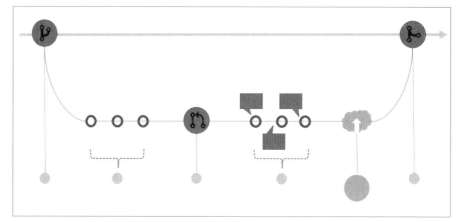

▲ 第五步驟：合併前部署

合併與刪除分支

當 Pull Request 獲得同意，您即可進行合併動作，這個步驟將自動合併您的分支，讓修改內容呈現主要分支上。GitHub 會告知合併前是否已經解決所有衝突，並且確認是否滿足**分支保護規則**（詳細內容請參考前一章）。當合併結束後請刪除分支，除了表示工作已經完成，也防止您或其他人意外使用就有分支。GitHub 會保留 Pull Request 與歷史紀錄，當有需要的時候，可以隨時恢復刪除的分支或恢復 Pull Request。

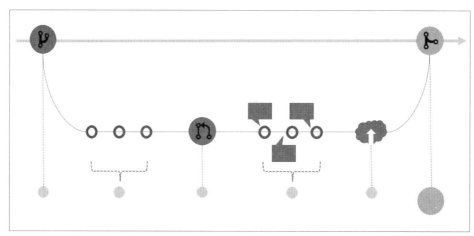

▲ 最後步驟：合併與刪除分支

GitHub Fork 功能為複製 Repository 至自己帳號下，允許您在不影響原始專案的情況下自由的更改與盡情發展 (像是用叉子取一份肉至自己的盤子內享用)。另一種情況是適用於您想要提供貢獻至 Public Repository，但不是擁有者或協作者，則可以透過 Fork 方式：在複製至自己帳號下的 Repository 內進行修改與提交，再以建立 Pull Request 至原始 Repository 進行審核與合併流程。

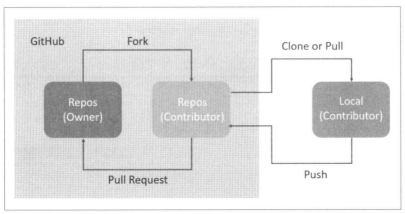

▲ 透過 Fork Workflow 提交修改內容

Fork workflow 在開放原始碼專案很常見，不但可以保護既有專案的 Repository 不受影響，也提供安全的方式讓想要貢獻一己之力的開發者，有很大發揮的空間。Fork 方法非常簡單，只需要到原始專案 Repository 畫面，點選右上方 Fork 按鈕，再選擇自己 (或組織) 帳號即可。

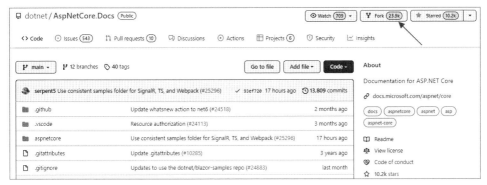

▲ Fork 功能

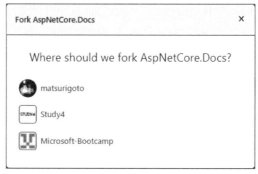

▲ 選擇複製到哪一個帳號下

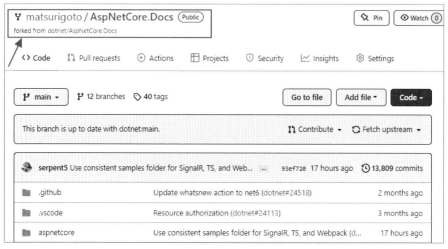

▲ 複製至帳號下的 Repository

當完成修改提交，想要建立 Pull Request 至原始 Repository，您可以在 Fork 的 Repository 上方功能列點選 Pull Request，點選右上方 New Pull Request。

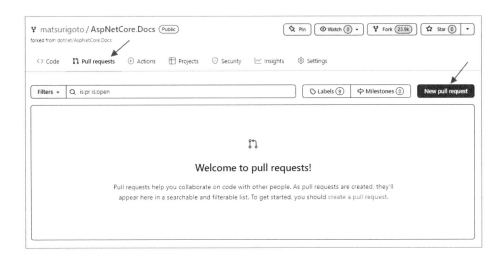

選擇正確的來源Repository與分支、目標Repository與分支,點選建立按鈕,該團隊成員即會收到 Pull Request 並進行審核程序。

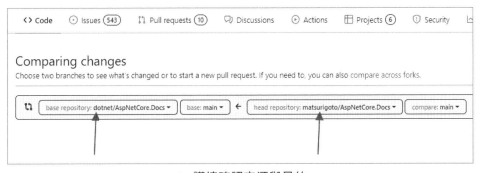

▲ 謹慎確認來源與目的

閱讀完此章節,您應該對於 GitHub Flow 與 Fork Workflow 有一定程度的理解,也具有提交貢獻至開放原始碼專案的基本能力。無論是哪一個工作流程,其設計目的即為保護專案與提升品質,雖然提交貢獻的過程可能幾經波折,但最終能夠合併為主要分支也代表一種認可,不但是為專案盡一份力,也是技術能力優良的表現。

▶ 程式發行管理 – Tag 與 Release

Tag 是在 Git 歷史中特別的時間點進行標記，以顯示特別或重要性，常見的使用方式為發行版本管理 (如：v1.0 或 Release1.2)。您可以透過 Git 指令、Git 相關工具或 GitHub Desktop 建立 Tag，再推送至 GitHub。在 GitHub 平台提供檢視 Tag 的狀態，也為標籤的節點提供 Zip/Tar 壓縮格式的原始檔案下載。

▲ 您能在 GitHub 上檢視 Tags

Tip: 您可以在目前的提交加上 Tag，也可以晚些時候對某次的提交加上 Tag

Git Tag 指令

使用 git tag 指令可以檢視所有的 Tag。

```
C:\Windows\System32\cmd.exe

F:\Projects\GitHubBookDemo>git tag
v0.1
v2.0
v2.1
v3.1

F:\Projects\GitHubBookDemo>
```

您也可以使用特定的搜尋樣式進行搜尋,如指令 git tag -l "v2*",即將所有
v2 版本系列標籤全部列出來。

```
C:\Windows\System32\cmd.exe

F:\Projects\GitHubBookDemo>git tag -l "v2*"
v2.0
v2.1

F:\Projects\GitHubBookDemo>
```

使用 git log --oneline --graph --decorate --all 指令檢視過去提交紀錄。黃色文
字部分即為每次提交時唯一的 hash id。

```
C:\Windows\System32\cmd.exe                              —    □    ×

F:\Projects\GitHubBookDemo>git log --oneline --graph --decorate --all
* 63b7201 (HEAD -> main, origin/main, origin/HEAD) add WebApplication
| * 775bba5 (origin/Release-3.0.1) Create version.txt
|/
* 016798b add badge.json
* a13cd16 (tag: v3.1) add expamlpe
* f571f1c (tag: v2.1) Add Example
* a846c4d (tag: v2.0, tag: v0.1) Update README.md
* cfdf6b4 Add issue badges
* a7f4784 Initial commit

F:\Projects\GitHubBookDemo>
```

對於特定的提交建立 Tag 指令格式如下：

　　git tag -a [版本] -m "[版本訊息]" [commit hash id]。

舉個例子，若我們的指令為 git tag -a v0.1 -m "0.1 release" 990e0bd，則表示
對於 990e0bd 提交加上 Tag (名稱為 v0.1，描述內容為 0.1 release)

我們對於 016798b 要加上 v4.1 的 Tag，指令為 git tag -a v4.1 -m "4.1 release"
016798b。完成後，您可以在一次使用 git log --oneline --graph --decorate –
all 進行確認。

最後將 tag 推上 GitHub，指令為 git push origin --tags (將所有標籤推送)，
即完成建立 Tag 工作。

```
C:\Windows\System32\cmd.exe

F:\Projects\GitHubBookDemo>git push origin --tags
Enumerating objects: 5, done.
Counting objects: 100% (5/5), done.
Delta compression using up to 4 threads
Compressing objects: 100% (5/5), done.
Writing objects: 100% (5/5), 603 bytes | 603.00 KiB/s, done.
Total 5 (delta 1), reused 0 (delta 0), pack-reused 0
remote: Resolving deltas: 100% (1/1), done.
To https://github.com/matsurigoto/GitHubBookDemo.git
 * [new tag]         v0.1 -> v0.1
 * [new tag]         v2.0 -> v2.0
 * [new tag]         v2.1 -> v2.1
 * [new tag]         v3.1 -> v3.1
 * [new tag]         v4.1 -> v4.1

F:\Projects\GitHubBookDemo>
```

TortoiseGit 加入 Tag

使用 TortoiseGit 建立 Tag 相當直覺，右鍵點選資料夾內空白處，選擇 TortoiseGit，點選 Create Tag …。

輸入 Tag Name 與 Message，Base On 欄位我們選擇 Commit，點選旁邊…按
鈕選擇要提交。完成後點選 OK。

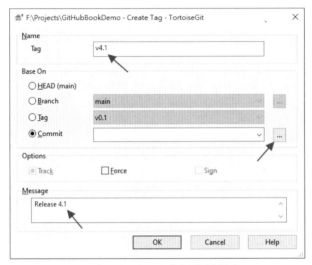

▲ 填入名稱、訊息並選擇提交

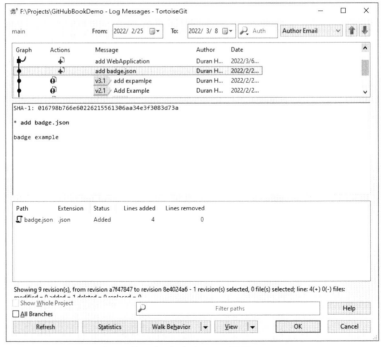

▲ 選擇提交畫面相當直覺，不需記下 HashID。

最後記得推送至 GitHub 即完成建立 Tag 工作

GitHub Desktop 加入 Tag

開啟 GitHub Desktop，切換至正確的 repository，點選 History 頁籤，右鍵
點選要加上 Tag 的提交，選擇 Create Tag…。

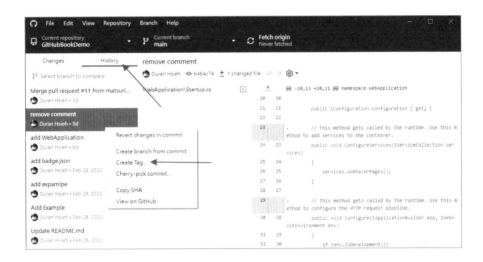

輸入 Tag Name，點選 Create tag 按鈕。

最後點選右上方 Push Origin 按鈕，將 Tag 推送至 GitHub 以完成 Tag 工作。

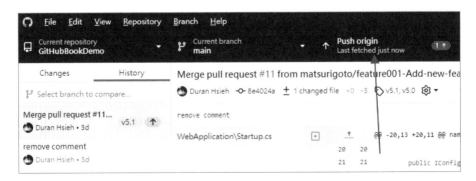

Release

Release 即為發佈正式或修復版本給使用者，是軟體開發生命週期中重要的步驟之一，屬於交付工作。GitHub Release 是以 Git tags 為基礎，您必須先建立 Tag 後，再從其中挑選作為 Release。若要交付新的版本，您可以在 Repository 畫面右側點選 Create a new release 連結。

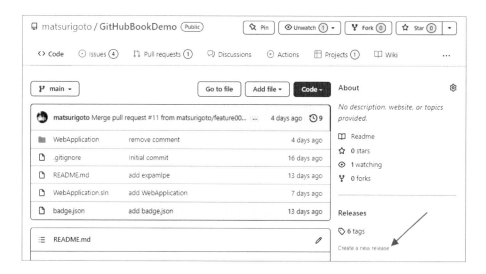

交付版本需要有完整的 Release note，包含標題、發佈日期、修改內容 (新功能或修復問題)、標註貢獻者、上傳可使用 Binary 檔案與和上一個版本的差異。

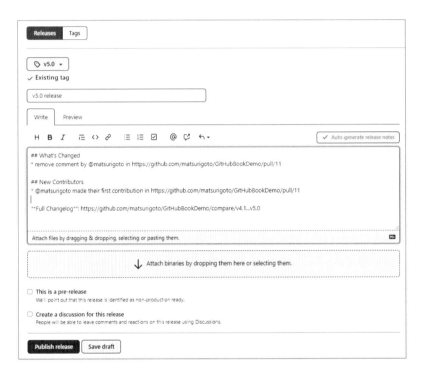

您必須對於要交付的提交先建立 Tag，後續才能建立 Release 流程。透過 Tag 功能建立里程碑，從其中選擇交付的版本是一個相當不錯的方式。

GitHub 提供 Auto-generate release notes 功能，協助您自動加入 Pull Request 資訊作為 Release note。

Release 通常會提供原始檔案與 Binary 檔案，您可以將編譯好的 Binary 檔案進行上傳，方便交付給使用者。

最後，可以依據需求勾選為預先釋出版本 (pre-release) 或為這個 Release 建立 Discussion。確認完成後，點選下方 Publish release 按鈕。

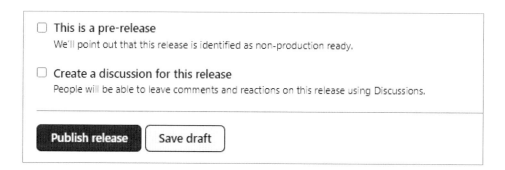

每一次新版本釋出皆會記錄在 Release，以發佈時間排序，您可以隨時找到發行紀錄。擁有 Repository 讀取權限的使用者皆可以檢視與比較各個版本；擁有寫入權限，則可以對 Release 進行修改或刪除。

▲ 詳細版本資訊

▲ 編輯 / 刪除 Release

Chapter **5**

GitHub 持續整合與持續佈署

▶ 開始自動化工作流程的第一步 - GitHub Actions

使用 GitHub Actions 可以讓 Repository 執行自動化工作。您可以建立與共享任何你喜歡的自動化工作 (Job)，完整且任意組合它們，進而達到工作流程自動化 (Automation)、持續整合 (Continuous integration) 與持續佈署 (Continuous delivery) 之目的。

舉例來說，當有開發人員第一次對您的 Repository 建立 Pull Request 時，自動化工作給予親切的問候，除了提醒相關注意事項，也感謝他的貢獻；隨後依據 Pull Request 內修改的路徑，自動加上 Label 進行分類；同時觸發執行持續整合流程，確認修改內容可以通過建置與測試。這些內容您皆可以透過 GitHub Action 達成。

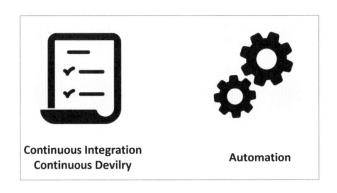

Action 執行時，預設會使用 GitHub 所提供不同作業系統的 Runner 執行工作，使用者無須自行維護這些代理執行程式與其虛擬機器。若 Repository 為 Public，則沒有任何使用限制；但 Repository 為 Private，則會依據時間收取費用。但您不需要擔心，即使是免費方案，每個月 GitHub 提供 2000 分鐘免費使用時間，讓專案在初期不會因成本關係而窒礙難行。

若您有多餘的主機或虛擬機器，可以自行安裝 Runner 達到自動化目的，我們稱為 self-hosted runners。執行在自己主機上的 Runner 不會計算時間與費用，但缺點為需要自行管理主機與安裝自動化流程中所需的套件。

▲ 不同的方案免費自動化時數也不同

當您的免費使用量消耗殆盡，自動化工作流程則不能繼續執行，您必須等待下個月才有更多使用量。若您想要檢視目前 Action 已經執行多少時間，可以點選右上角個人頭像，點選 Settings。

於左邊側欄點選 Billing and Plans，即可以檢視目前付費計畫與 Action 已經
使用時間。展開內容，會列出每一種作業系統使用明細。若預期會超過滿
費使用額度，您可以點選下方 money spending limit 旁邊的 update，增加金
額花費限制，避免自動化工作無預警停止。

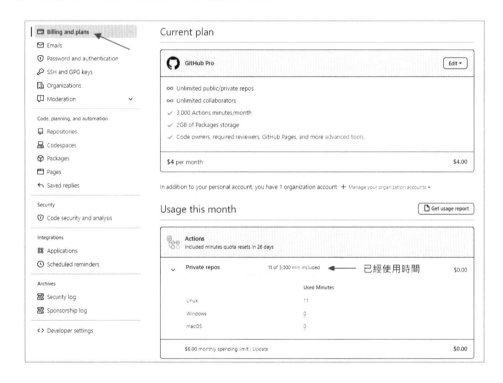

您可以設定每個月的金額上限，避免在月底的時候收到費用驚人的帳單。
此外，強烈建議設定 Email alert，在資源與花費用至 75%、90% 與 100% 時
收到郵件警告，讓您可以準確掌握使用情況。

Billing & plans / Monthly spending limit

Set up a monthly spending limit. You can adjust it at any time. Read more information about Actions spending limits and Packages spending limits.

◉ Limit spending
Set up a spending limit on a monthly basis

$ 6.00   **Update limit**

Leaving it at $0.00 will avoid any extra expenses

○ Unlimited spending
Pay as much as needed to keep Actions & Packages running

Email alerts
Receive email notifications when usage reaches 75%, 90% and 100% thresholds.

☑ Included resources alerts

☑ Spending limit alerts

GitHub 費用由多個部分組合而成 (Action 使用時間與 Storage 使用量)，下表為 Action 超出免費使用量後計費方式：

作業系統	每分鐘價格
Linux	$0.008
macOS	$0.08
Windows	$0.016

GitHub Actions 運作原理

在開始動手建立自動化工作之前，我們先說明 GitHub Actions 流程與元件。GitHub Action 是透過某個特定事件進行觸發，讓代理程式逐一執行預設好的指令，以自動化完成工作流程。其中觸發條件設定稱為 Event、代理程式為 Runner、執行工作為 Job，工作內每一個指令為 Step。

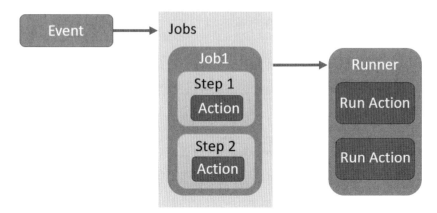

▲ GitHub Action 架構與流程

Event

觸發自動化工作流程。GitHub Action 有豐富的觸發情境，除了手動與排程啟動觸發，使用者行為也能作為觸發條件。我們在「觸發 workflow 重要設定 - Event」章節會完整介紹如何設定觸發條件。

Jobs

Job 是在相同 Runner 所執行的一組 Step。預設情況所有工作會以平行方式執行，有較好的執行效率。您也能設定循序執行：當其中一個 Job 失敗後，下一個 Job 不會執行，以確保每項工作是成功執行的。

Step

在 Job 內可以執行命令的獨立工作。Step 可以是一個執行命令或一個 Action，相同的 Job 內允許所有 Step/Action 共享資料

Action

獨立且經過包裝的執行內容，使用相當方便。GitHub 社群中許多創作者提供好用的 Action，讓您在設定自動化工作流程時更省時省力。理所當然，您也可以自行創作的 Action，提供給社群有需要的朋友使用。

Runner

執行自動化工作的代理程式，安裝且運作在伺服器上，支援 Ubuntu Linux、Microsoft Windows 和 macOS。可以分為 GitHub-Hosted Runner 與 Self-hosted runners。

Workflow

含上述所有功能，描述自動化流程的設定即稱為 workflow。GitHub 預設提供相當多的 workflow 樣板讓您套用，設定自動化流程不需要每次都需要從空白 workflow 開始。

開始建立自動化流程相當簡單，只需要在 Repository 上方功能列點選 Action，即可開始設定 workflow。

若您是第一次建立，在首頁會偵測您的 Repository 內容，推薦適合您的 Workflow。理所當然，您也能點選畫面 set up a workflow yourself 連結，建立一個空白的 workflow，再自行設定工作內容。

▲ GitHub 依據 Repository 推薦 Workflow

Workflow 是以 YAML (可讀性高、較為嚴謹，用於表達資料序列化的格式)
檔案方式進行設定，第一次接觸的朋友可能看到一堆陌生語法感到很無力，
不知道從何開始。不用擔心，GitHub Actions 提供了許多樣板可以直接套用，
您也能從中學習如何設定。接下來，我們直接設定一個自動化工作與一個
持續整合流程，讓您先熟悉 GitHub Action 操作介面。

簡單工作流程 – Greeting

在這個範例中，我們將設定一項自動化工作：當來賓使用者第一次提交貢獻
至 Repository，給予親切的問候。在 Action 畫面內的搜尋框輸入 greeting，
在搜尋結果中找到 Greetings，點選 Configure 按鈕進行設定。

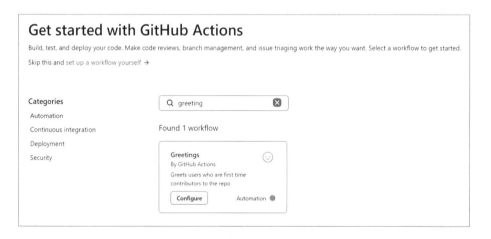

中間部分為 workflow 腳本，所有自動化工作設定皆以 YAML 格式撰寫於此。
因為透過樣板方式設定，您能看見 workflow 已經直接套用且設定好了。右
邊 Marketplace 側欄可以搜尋 Action，點選想要的 Action 會有使用說明與
語法，您能複製語法至您的 workflow 直接使用。

Workflows 設定檔案會放置在相同的 Repository 內，路徑為 /.github/worksflows/，副檔名 .yml。GitHub 會自動偵測此資料夾內所有 yml 檔案，並在 GitHub Action 以圖形化方式顯示您所有的 workflow。

▲ 您能在上方路徑變更 workflow 檔案名稱

在下一個章節「Workflow 語意解析與指令說明」我們再來詳細說明腳本內容。我們先來體驗一下自動化工作成果，您可以在檔案內找到 issue-message，隨意將內容 'Message that will be…' 改成您想給來賓第一次建立 issue 的回覆。完成後，點選右上方 Start commit 按鈕，輸入名稱與描述，點選下方 commit new file 按鈕，提交 workflow 至 Repository。

回到 Actions 畫面，左邊為所有 workflow 列表，中間則是每個 workflow 執行歷史紀錄。

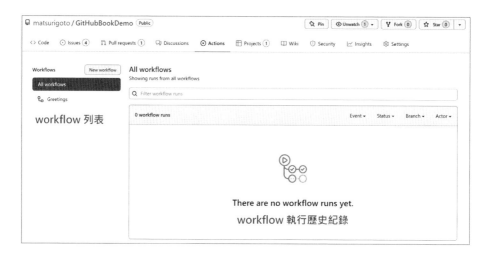

使用另一個來賓使用者，在 Repository 建立個人第一個 issue 以進行測試。

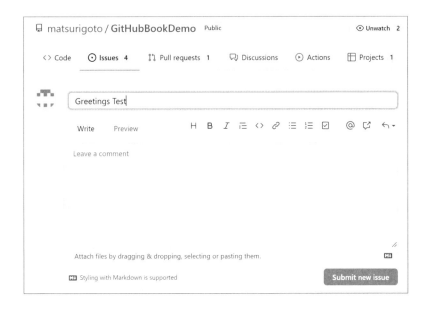

當來賓使用者建立 issue，觸發 Greetings workflow 執行。如下圖所示，約 37 秒後執行完成。

在 Issue 討論內容中，您可以看見機器人自動回覆來賓使用者訊息。您可以透過此自動化功能與第一次來提交內容的來賓使用者進行問候、提示注意事項，並且感謝他的貢獻。除了可以讓來賓感受更溫暖，也能節省人力成本並即時給予回覆。

若要取消自動化工作執行，請於中間執行紀錄旁點選 ⋯ 按鈕，選擇 Delete 按鈕即會取消；若想要確認當次執行 workflow 時的設定內容，可以點選 View workflow file。

在檢視 workflow 檔案畫面，您可以點選右上方編輯按鈕進行編輯

除了上述方法，您可以在 Repository 內直接檢視 workflow 檔案。workflow
檔案會集中放在 .github/workflow 路徑下，您可以透過右上方編輯 / 刪除按
鈕調整 workflow。

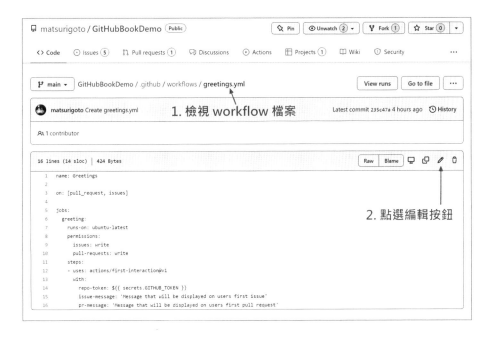

第一個持續整合 – Hello world

除了自動化工作,您也能依據 Repository 內容建立合適的持續整合流程,在本次範例,我們將簡單示範當程式碼有變更時,直接以 cmd 或 sh 方式印出 Hello World。

Tip: 幾乎大多數的持續整合流程可以透過命令列完成,您也可以將繁複的指令包裝成 Action,直接使用 Action 執行自動化工作,大幅提升可維護性,降低企業與團隊負擔。

在 Repository 上方功能列點選 Action,點選左上方 new workflow 按鈕。

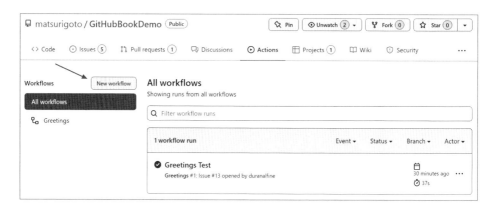

在搜尋框內輸入 simple,點選 Configure 按鈕進行設定。

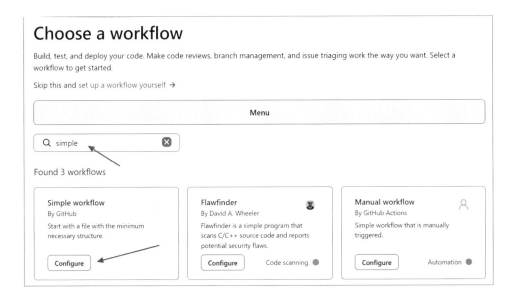

相同的,因為使用既有樣板,workflow 檔案已經自動完成。為了管理方便,我們找到第 3 行 name: CI,改成 name: CI-Hello-World。此設定為 workflow 名稱,為了後續方便識別與管理,第一次建立時務必更改 workflow 名稱。

另一個建立 Workflow 注意事項是檔案名稱,預設為 blank.yml。後續維護人員從檔案名稱上得知此自動化流程目的,必須要開啟閱讀後才知道目的。為了後續容易識別與維護,務必與團隊討論規範後,修改檔案名稱,盡可能一眼即知道目的。我們簡單設定為 CI。

GitHubBookDemo / .github / workflows / blank.yml　in main

接下來找到 30、35 與 36 行，這裡使用 Runner shell 進行一些操作：單行命令與多行命令。以 .NET Core 或 npm 為例，您可以直接使用 CLI 方式執行編譯、測試與發佈程式，達到持續整合目的。

完成後，點選右上方 Start commit 按鈕，輸入名稱與描述，點選下方 commit new file 按鈕，提交 workflow 至 Repository。

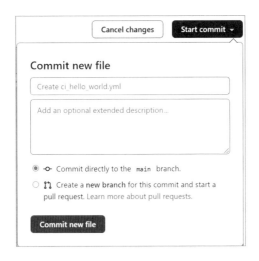

回到 Action 管理頁面，因為我們的觸發條件為 Main 分支修改即觸發 (下一章節會有詳細說明)，CI-Hello-World workflow 會立即執行 (褐色表示等待 Runner、黃色表示執行中、綠色為執行完成、紅色為發生錯誤執行失敗)。我們點選中間 Create ci_hello_world.yml 檢視執行狀態。

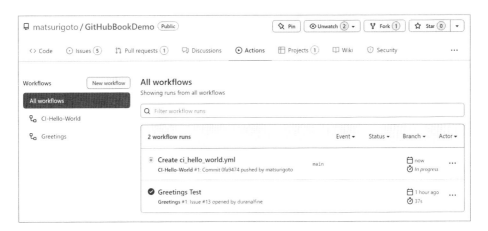

點選左邊側欄 Build，可以看見所有的執行步驟。我們展開 Run a one-line script 與 Run a multi-line-script 步驟，即可執行結果：印出字串。

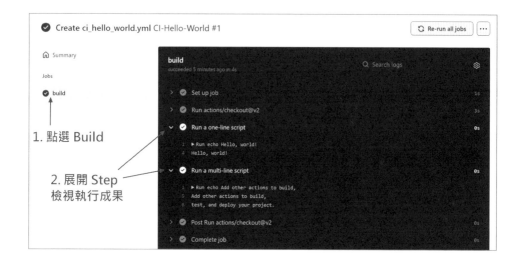

Tip:　檢視詳細執行結果是重要的工作，當 Workflow 執行失敗時可以從此找
　　　　到錯誤訊息，進而排除問題直到可以成功執行。這是建構持續整合與
　　　　持續佈署時的日常工作，畢竟一鍵佈署不是只套用樣板設定就完成。

在閱讀完此章節，您應該對於 GitHub Action 有基礎的認識，並且具備下列
能力：

- 檢視 Actions 每月使用量
- Actions 流程與元件功能
- 透過範本建立工作流程
- 執行 Workflow
- 檢視工程流程執行情況

下一個章節，我們詳細說明 Workflow 語法 (Workflow syntax)。

常見問題

問：當我 Fork 某個 Repository 時，會將 Action 內的 workflow 也會複製回
　　來嗎？

答：Fork 功能不會將 workflow 複製回來，所以您 Fork 回來的 Repository，
　　workflow 會是空的

▶ Workflow 語意解析

Workflow 是以 YAML 檔案方式進行設定。YAML 具有高度可讀性，用於表
達資料序列化的格式，是近年來熱門的設定檔案格式，其副檔名為 .yml 或
.ymal。YAML 以換行符號與縮排方式進行語法區隔，格式相當嚴謹，多餘
的空白或 Tab 是不被允許的，一旦縮排有問題則無法解析與執行。

為了方便說明，我們把 Workflow 內容簡單三個部分，包含名稱、觸發條件、
執行工作。下圖以 Simple workflow 為例，標示剛剛提到的三部分。

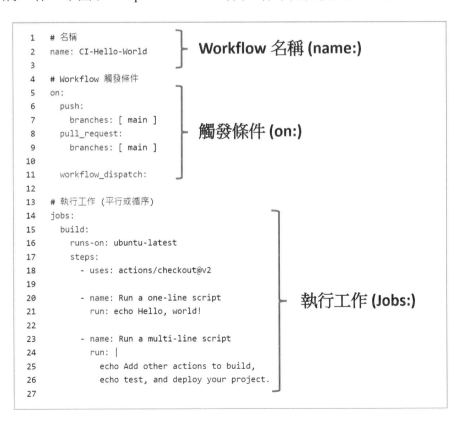

name

您的 Workflow 名稱，也是 Actions 畫面上 workflow 呈現的名稱；若 YAML 內沒有設定，GitHub 會預設以 workflow 資料夾路徑 + 檔案名稱命名。為了日後好維護，建議設定唯一且容易識別的名稱。

▲ 未使用名稱，Workflow 難以識別的範例

on

必填，觸發 Workflow 的 Event 名稱。可以以單一字串、陣列、事件類型陣列 或 event configuration map 進行設定。以 simple workflow 範例來說，當使用者在 Main 分支執行 Push 或建立 Pull Request 時，會觸發此工作流程。

```
# Workflow 觸發條件
on:
  push:
    branches: [ main ]
  pull_request:
    branches: [ main ]

  workflow_dispatch:
```

觸發條件 (on:)

若想要手動觸發 workflow，您可以加上 workflow_dispatch:，在 workflow 條列畫面上，即會出現 Run workflow 按鈕。更多關於 Event 內容，我們會在下一個章節「觸發 workflow 重要設定 – Event」進行說明

▲ Event 允許手動觸發條件

job

Workflow 是由一個或多個 job 執行組合而成。每個 job 都必須有 Job ID，其名稱必須唯一。Job ID 命名只能以英文或 _ 開頭，只能包含英文、數字、_ 與 - 。以下圖為範例：此 Workflow 由兩個 job 組合而成，my_first_job 與 my_second_job 為 Job ID，底下再定義 name。

```
jobs:
  my_first_job:
    name: My first job
  my_second_job:
    name: My second job
```

▲ Job 宣告方式

如同前一章節所提到，job 會由 Runner 執行並回傳結果。我們可以使用 runs-on 指令來指定 GitHub-hosted runner 或 self-hosted runner 來執行 job。GitHub-hosted runner 使用的標籤為固定的，self-hosted runner 則為自訂的，只需要輸入正確的標籤名稱，即可指定 Runner。GitHub 所提供的 runner 名稱表如下：

作業系統	YAML 內使用標籤	註記
Windows Server 2022	windows-latest 或 windows-2022	-latest 版本會隨時間異動
Windows Server 2019	windows-2019	
Ubuntu 20.04	ubuntu-latest 或 ubuntu-20.04	-latest 版本會隨時間異動
Ubuntu 18.04	ubuntu-18.04	
macOS Big Sur 11	macos-latest 或 macos-11	-latest 版本會隨時間異動
macOS Catalina 10.15	macos-10.15	

```
13    # 執行工作 (平行或循序)
14    jobs:
15      build:
16        runs-on: ubuntu-latest  ⟵
17        steps:
18          - uses: actions/checkout@v2
```

▲ 加上正確標籤，即可使用 GitHub 所提供的 runner

Workflow 預設是平行執行每一個 job。您可使用 jobs.<job_id>.needs 來設定每一個 Job 相依性，達到循序執行目的。以下圖為例，執行 job2 前必須先執行 job1，執行 job3 之前必須執行 job1 與 job2。經過這樣的設定，即會以 job1、job2、job3 的順序執行。

```
jobs:
  job1:
  job2:
    needs: job1
  job3:
    needs: [job1, job2]
```

▲ 透過相依性，讓 Job 依序執行

step

Job 包含一系列的 Step，以循序方式執行命令與 action。step 內不一定只能執行 action，但 action 一定要作為 step 執行。每一個步驟皆在 Runner 上執行，可以存取資料區與文件系統。若要執行命令，您可以透過關鍵字 run，告知您要在 Runner 上執行的命令；若是要執行 action，則使用 uses 關鍵字。

```
steps:
  - uses: actions/checkout@v2

  - name: Run a one-line script
    run: echo Hello, world!

  - name: Run a multi-line script
    run: |
      echo Add other actions to build,
      echo test, and deploy your project.
```

▲ 使用 run 指令執行命令

uses

選擇要執行的 action。這裡的 action 泛指可以重複使用的程式碼單元 (Unit of Code)，可以透過 JavaScript 或 Docker Container 方式撰寫，並發布至 marketplace 提供其他使用者使用。您可以使用已經定義好的 Action 來進行重複的工作。

Action 的來源可以為 Workflow 相同的 Repository、其他 Public Repository 或發布於 Docker Container Registry。使用時相當簡單，只需要 steps 下使用 uses: {owner}/{repo}@{ref} 即可。以將 Repository 簽出程式碼為例，您只需要使用下列語法即可：

```
- uses: actions/checkout@v2
```

Tip: {ref} 為指定的版本。官方建議在使用上指定版本 (Git Ref、SHA、或 Docker Tag)，以確保使用可以正常執行的 Action，也避免因為發布者更新版本而導致 Workflow 中斷。

▶ 觸發 Workflow 重要設定 - Event

在前一個章節，我們已經簡單使用 Event (Push 與 Pull Request) 觸發自動化工作。實際上，在 GitHub 官方文件中，對於 GitHub Event 的定義為：您可以在 GitHub 上發生特定活動時、特定時間或 GitHub 外部發生事件時觸發 workflow。這表示 Action 除了透過 GitHub 上既有的操作行為 (如：Create Issue 或 Create Pull Request) 觸發 workflow 外，也能透過時間排程與外部呼叫 Github API 觸發 workflow。

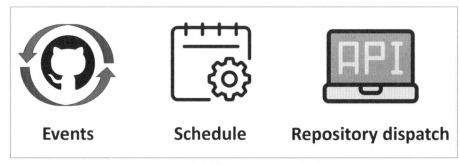

Events　　　　**Schedule**　　　　**Repository dispatch**

▲ 三種主要觸發 workflow 方式

內部事件

經過前一章節的介紹，我們概略知道 Workfolw 檔案內我們使用 on: 來定義觸發的條件。但 on: 使用方式相當多，我們將逐一介紹各種格式。首先是單一行為觸發語法為：

```
# 當建立 pull request 時觸發 workflow
on: pull_request
```

當需要多種行為進行觸發時，您可以使用陣列語法：

```
# 當推送程式碼或建立 pull request 時觸發 workflow
on: [push, pull_request]
```

在多種行為在特定分支時進行觸發，語法範例如下：

```
# 在 Main Branch，
# 推送程式碼或建立 pull request 時觸發 workflow
on:
  push:
    branches:
      - main
  pull_request:
    branches:
      - main
```

理所當然，還可以定義更細部的觸發條件，當 Pull Request 目標為 main 分支，且狀態為 assigned 或 opened 狀態下進行觸發。

```
on:
  pull_request:
    types: [assigned, opened]
    branches:
      - main
```

相信對於讀者來說，理解這些內容不難。比較麻煩的部分在於：如何知道有哪些事件 (WebHook event payload) 與活動狀態 (Activity types) 可以使用？以 Pull Request 為例，他的對應表如下：

Webhook event payload	Activity types
Pull_request	• assigned • auto_merge_disabled • auto_merge_enabled • closed • converted_to_draft • edited • labeled • locked • opened • ready_for_review • reopened • review_request_removed • review_requested • synchronize • unassigned • unlabeled • unlocked

Tip: 若您想要知道更多事件與活動狀態對應，可以前往官方文件查詢：
https://docs.github.com/en/actions/using-workflows/events-that-trigger-workflows

排程 (Schedule)

Schedule 是在指定的時間 (週期) 觸發 workflow。Event 的排程設定採用的是 cron syntax，主要在 Default 或 Base Branch 執行最新一次的提交，而每次最短的執行週期為 5 分鐘。Cron 語法以五個設定值組合而成，每個設定值以單一空白區隔，從分鐘、小時、一個月的第幾天、月份與一週第幾天組合而成，如下圖。

```
      ┌──────────── minute (0 - 59)
      │ ┌────────── hour (0 - 23)
      │ │ ┌──────── day of the month (1 - 31)
      │ │ │ ┌────── month (1 - 12 or JAN-DEC)
      │ │ │ │ ┌──── day of the week (0 - 6 or SUN-SAT)
      │ │ │ │ │
      │ │ │ │ │
      │ │ │ │ │
      * * * * *
```

Cron 語法特殊符號所代表意思與範例如下：

運算子	描述	範例
*	任意數值	* * * * * 每天每分鐘執行
,	數字列表分隔符號	2,10 4,5 * * * 每天第 4 與第 5 小時的地 2 與第 10 分鐘執行
-	數字範圍	0 4-6 * * * 第 4、5、6 小時整點執行
/	Step Values	20/15 * * * * 整點 20 分後，每 15 分鐘執行 (直到 59 分)，及整點 20、35、50 分時執行

舉個簡單例子，若你要在 UTC 時間 13:30 執行 workflow，其範例語法如下：

```
on:
  schedule:
    # * 在 YAML 檔案中是關鍵字，所以必須用 ' ' 包起來
    - cron:  '30 13 * * *'
```

Repository 調度 (Repository dispatch)

若你想要透過外部方式觸發 workflow，您可以使用 repository dispatch 方式進行。Repository dispatch 是透過 GitHub RestAPI 方式進行觸發，在使用之前，您必須在 Workflow 檔案內加上 repository_dispatch 進行啟用，其中 Activity types 必須自行定義，並且讓 Client 呼叫 API 時以參數方式帶入。

下列範例我們啟用 repository_dispatch，並且自定義兩個 types：opened 與 deleted。

```
on:
  repository_dispatch:
    types: [opened, deleted]
```

GitHub REST API URL 與參數如下：

[POST] URL: https://api.github.com/repos/{owner}/{repo}/dispatches

名稱	型態	位於	描述
accept	string	header	推薦設定 application/vnd.github.v3-json
owner	string	path	
repo	string	path	
event_type	string	path	必要，自訂 webhook event 名稱
Ceclient_payload	object	body	可以額外帶入的 json 資訊， 讓 action 或 workflow 使用

此外，在使用 GitHub REST API 之前，您必須產生 Personal Access Token。
點選右上角個人頭像，點選 Settings，在左邊側欄找到 Developer setting。

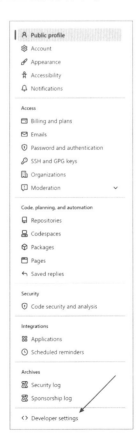

於左邊側欄找到 Personal Access Tokens，點選右上方 Generate new token 按鈕

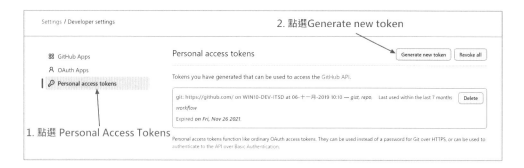

輸入註記 (Note) 為 API；過期時間依據使用情境設定，我們使用預設 30 天；Repository dispatch 需要 Repository 權限。完成後我們點選最下方 create 按鈕。

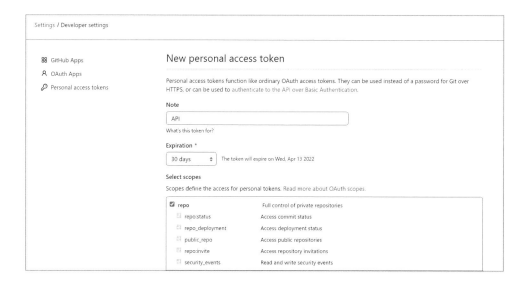

畫面上會顯示 Token 內容，請務必複製。當離開這個畫面後即無法再次顯示 Token，只能重新產生。

呼叫 API 的方法很多，我們這裡以 Postman 為範例。開啟 Postman，Verb 選擇 POST，輸入 URL 為 https://api.github.com/repos/{owner}/{repo}/dispatches。如下圖所示設定 Header。

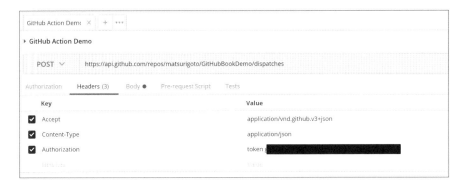

設定 Body 內容為 {"event_type":"opened"}（此處設定必須與 workflow 內設定一致），如下圖。

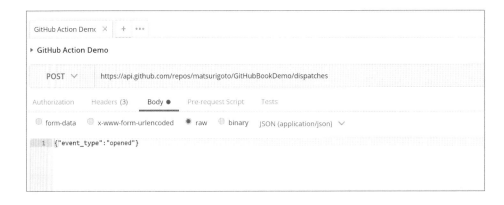

執行後，Postman 取得結果為 Http Status 為 204，沒有任何內容。即表示觸發成功。

返回 GitHub Action 畫面，可以發現 workflow 已經觸發，並在五分鐘前執行完畢，執行時間為 14 秒。

閱讀此章節，您應該對於 Event 以及如何觸發 workflow 的三種方式有深度的瞭解，並且具備整合自動化工作流程的能力。下一個章節，我們要稍微深入一點討論 Workflow 進階撰寫技巧：使用環境變數 (Environment Variables) 與秘密 (Secrets)。

▶ 進階 YAML 技巧 - 環境變數 (Environment Variables) 與秘密 (Secrets)

GitHub Action 提供環境變數與秘密功能，以提供 Workflow 內執行步驟參考使用。如同撰寫程式一樣，使用環境變數與秘密可以做狀態管理、變數重複使用、多環境設定、保護敏感資訊與集中管理設定組態，讓您在撰寫 Workflow 時更有彈性、更容易維護。

環境變數

GitHub已經預設許多環境變數讓GitHub Actions workflow使用。理所當然，開發人員也可以在Workflow內自訂環境變數。自定義的環境變數命名區分大小寫 (case-sensitive)，且必須在Workflow文件內定義，並且提供使用範圍 (Scope)。

1. 提供整個Workflow文件內皆可使用，在文件最上方使用env定義

2. 提供Workflow文件內Job使用，在Jobs內使用env定義

3. 提供Job內指定的Step，在Steps內使用env定義

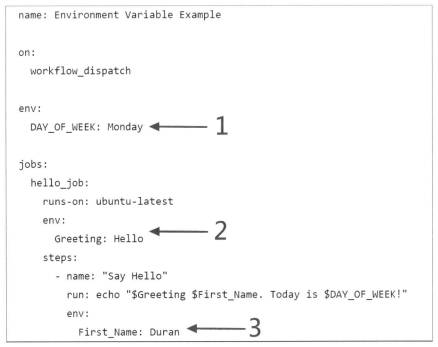

▲ 三種環境變數使用範圍

要在檔案中設定環境變數，必須使用env語法進行設定。環境變數的設定是在Workflow Job發送Runner伺服器才完成，所以Runner的取得環境變數時會依據作業系統不同，有不同的取得方法。如上圖案例所示，我們設定了三種不同範圍的env，並且宣告了DAY_OF_WEEK、Greeting與

First_Name 三個自定義環境變數。因為 Runner 的作業系統為 ubuntu，要以指令印出這些環境變數時，則需要以 $NAME 方式取得環境變數值。若 Runner 作業系統為 Windows，則需要以 PowerShell 語法 $env:NAME 取得環境變數。

Workflow 並不是將所有工作皆交給 Runner 處理，所以文件中若要取用環境變數不能透過上列方式使用環境變數。GitHub Action 提供 Context 進行數值設定與讀取。Context 可以使用 ${{ env.Name }} 取得變數值，也可以使用表達式 ${{ <Expression> }}，以程式撰寫方式 (如運算子或函式) 組合變數值。

以下圖為例，GitHub Action 先判斷環境變數 DAY_OF_WEEK 為 Monday，才將 Job 或 Step 發送至 Runner 執行。此時必須透過 Context 來取得環境變數值。

```yaml
name: Environment Variable Example

on:
  workflow_dispatch

env:
  DAY_OF_WEEK: Monday

jobs:
  hello_job:
    runs-on: ubuntu-latest
    env:
      Greeting: Hello
    steps:
      - name: "Say Hello"
        if: ${{ env.DAY_OF_WEEK == 'Monday' }}
        run: echo "$Greeting $First_Name. Today is $DAY_OF_WEEK!"
        env:
          First_Name: Duran
```

▲ If 部分不會傳至 Runnor，所以必須使用 Contoxt

如果想要在第一個 Step 設定環境變數,讓後續的 Step 可以使用,你可以透過 echo "{environment_variable_name}={value}" >> $GITHUB_ENV 進行設定。以下圖範例所示,我們在 step_one 設定環境變數 action_state、值為 yellow,雖然在 step_one 內無法立即取得 action_state 變數值,但在 step_two 後可以取得 step_one 所設定的 action_state 內容值。

```
steps:
  - name: Set the value
    id: step_one
    run: |
      echo "action_state=yellow" >> $GITHUB_ENV
  - name: Use the value
    id: step_two
    run: |
      echo "${{ env.action_state }}" # This will output 'yellow'
```

預設環境變數 (Environment Variable)

GitHub 預設環境變數可以用於 Workflow 內每一個步驟。在持續整合與持續部署的工作流程中,官方建議使用環境變數來存取檔案系統,而不要寫死路徑。GitHub Action 所設定的環境變數會使用於所有的 Runner,不同 Runner 皆有不同的環境變數設定會讓 Workflow 難以維護。

下表為常用的預設環境變數:

環境變數	描述
GITHUB_ACTION_PATH	Action 所在的路徑。您可以使用此路徑存取同一個儲存庫內的文件,如:/home/runner/work/_actions/repo-owner/name-of-action-repo/v1
GITHUB_WORKFLOW	Workflow 名稱
GITHUB_API_URL	回傳 API URL,如:https://api.github.com
GITHUB_REPOSITORY	擁有者與 Repository 名稱

GITHUB_EVENT_NAME	觸發 Workflow 的 Event
GITHUB_REF_NAME	Workflow 觸發時執行的分支或 Tag
GITHUB_SERVER_URL	回傳 GitHub Server URL，如：github.com (常用於地端企業版本)
RUNNER_OS	回傳執行任務 Runner 的作業系統，如：Linux, Windows, 或 macOS
RUNNER_TEMP	Runner 上的暫時目錄。在作業開始與結束時會被清空。如：D:\a_temp

大多數的預設環境變數都有一個相對應且名稱相似的 Context 屬性，如 GITHUB_REF 的 Context 存取方式為 ${{ github.ref }}；GITHUB_REPOSITORY 的 Context 存取方式為 ${{ github.repository }}，依此類推。

下圖範例為判斷 Runner 作業系統，並依據作業系統不同執行不同命令。因為由 GitHub Action 處理，只由 if 判斷為 true 的 Step 送至 Runner 執行。當作業系統為 Windows 時，我們使用 PowerShell 語法 $env:NAME 取得環境變數；當作業系統不為 Windows 時使用 bash 和 sh 語法 $RUNNER_OS 取得環境變數。

```
jobs:
  if-Windows-else:
    runs-on: macos-latest
    steps:
      - name: condition 1
        if: runner.os == 'Windows'
        run: echo "The operating system on the runner is $env:RUNNER_OS."
      - name: condition 2
        if: runner.os != 'Windows'
        run: echo "The operating system on the runner is not Windows, it's $RUNNER_OS."
```

秘密 (Secret)

執行自動化工作、持續整合與持續佈署時，Workflow 會需要一些敏感資訊才能與其他服務互動，如：連線字串、佈署時的驗證資料、API Key…等。若將這些重要設定寫死在 Workflow 內，可能會有下列風險：

1. 若專案是 Public Repository，等同直接將敏感資訊暴露在外，任何人皆能檢視使用。

2. YAML 檔案會提交至 Repository，若沒有妥善移除，可以隨時從 Git History 內查到敏感資訊。

3. 其他使用者從 Workflow 執行時的日誌查詢到敏感資訊。

4. Production 相關資訊不應該放置於 Repository 內，避免協作人員直接使用，造成不必要的風險。最常見的案例為：Production 有網頁跑版問題，開發人員為了快速修復，跳過正常佈署程序，直接從個人電腦佈署。一時切換錯分支，將錯誤的版本佈署至 Production，造成一場難以還原的災難。

GitHub 提供 Secret 功能將環境變數進行加密，安全地提供 Workflow 使用，避免敏感資訊暴露在外。秘密可以分成三個級別，分別是 Repository 級別、組織級別與環境級別。顧名思義，Repository 級別秘密僅提供單一 Repository 內的 workflow 使用；組織級別秘密則可以設定組織內多個 Repository 存取使用；環境級別秘密則需要啟用審核人員機制。在審核人員同意前，Workflow 無法取得秘密。秘密的命名原則如下：

1. 小寫英文 [a-z]、大寫英文 [A-Z]、數字 [0-9] 與底線 _，不允許空白

2. 不能以數字、GITHUB_ 為開頭

3. 不分大小寫

4. 相同級別內名稱為獨一無二

如果相同名稱的秘密出現在不同級別，在會以較低的級別為優先。如果 Repository 級別秘密與組織級別秘密名稱相同，則 Repository 級別優先。若 Repository 級別秘密、組織級別秘密與環境級別秘密名稱相同，則以環境級別秘密優先。

Tip:　您最多可以建立 1,000 個組織秘密、100 個 Repository 秘密和 100 個環境秘密。

Tip:　秘密大小上限為 64KB。

建立 Repository 秘密

在 Repository 上方功能列點選 Setting，於左邊側欄展開 Secret，點選 Actions。最後點選右上方 New repository secret 按鈕。

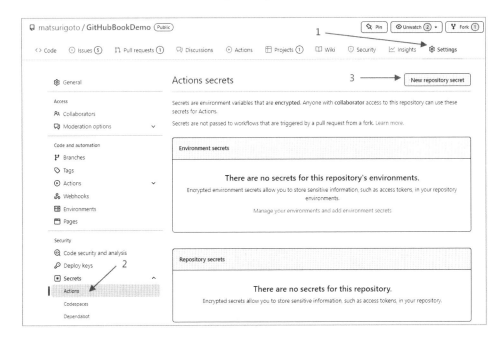

輸入 Name 與 Value，點選下方 Add Secret 按鈕完成秘密建立

您能在 Actions Secrets 檢視剛剛建立的秘密。您無法檢視或還原秘密值，一旦遺失或遺忘，GitHub 內只能更新或移除秘密值。

建立環境秘密

在 Repository 上方功能列點選 Setting，於左邊側欄點選 Environments，點選右上方 New environment 按鈕。

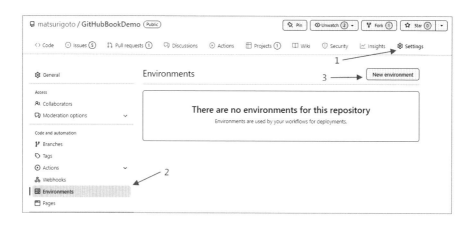

輸入 Name，點選 Configure environment 按鈕。

在 Environment secrets 下方，點選 Add Secret。

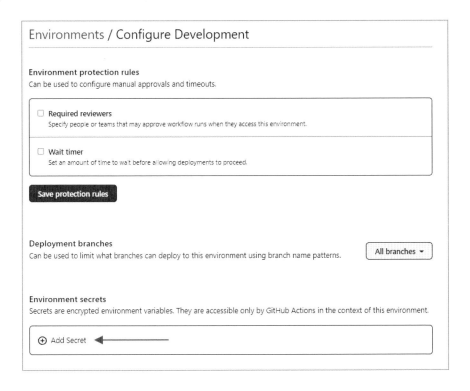

輸入 Name 與 Value，點選下方 Add Secret 按鈕完成秘密建立。

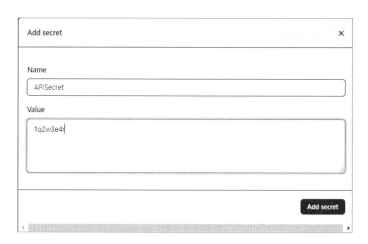

使用秘密

在 Workflow 中使用秘密相當簡單，使用方式為 \${{ secrets.name }}，如以下範例

```
steps:
  - name: Hello world action
    with: # Set the secret as an input
      API_SECRET: ${{ secrets.APIKey }}
    env: # Or as an environment variable
      API_API_SECRET: ${{ secrets.APIKey }}
```

Workflow 執行日誌內會將秘密進行隱碼處理，可以避免有心人掃描日誌取得敏感資訊，降低資安風險。

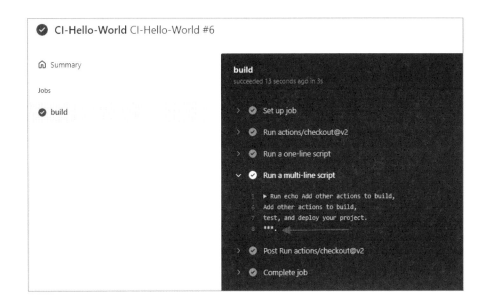

秘密管理最佳實踐

1. 雖然 GitHub 會自動隱藏輸出的秘密,但您應該避免秘密輸出至日誌。

2. 限制秘密存取權限,盡可能給予最低權限。

3. 秘密內盡可能不要有個人驗證資訊,如:佈署時盡可能使用 Deploy Key 或 Service Account,而不要使用個人帳號。

4. 若使用到 Personal Access Token,盡可能給予最小範圍的權限。

▶ 實作持續整合 - 以 ASP.NET Core 專案為例

無論使用哪種程式語言或框架,在實作持續整合與佈署之前,皆需要了解編譯到部署流程,才能正確設定自動化流程。許多開發人員因受惠於整合開發環境 (如 : Visual Studio、Eclipse、Rider 等開發工具) 與組織內部分工較細,無法完整理解整體流程,在設定過程中可能會遇到困難,建議可以先參考 GitHub Action 提供的 Workflow Template,結合目前組織內部流程,會比較得心應手。

NET Core 持續整合流程

在開始動手之前,我們先簡單說明 .NET Core 專案從編譯到部署流程。如下圖所示,每次在部署網站之前,都必須經過:

- Restore: 將參考的套件下載下來
- Build: 建置專案
- Test: 執行測試
- Publish: 發布可執行檔案 / 網站
- Deploy: 佈署至站台

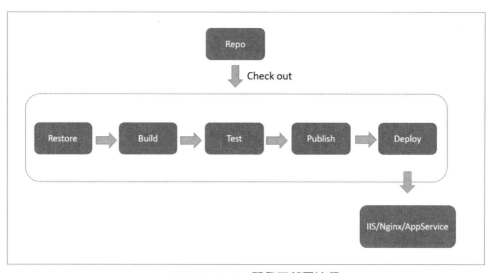

▲ .NET Solution 開發至部署流程

小型、不常變動、不需要經常部署專案,開發人員會使用傳統方式,使用 Visual Studio 完成編譯與發佈工作,再手動將成品放至網站伺服器 (IIS 或 Nginx)。但是若有需要頻繁更新的情境,則需要一些基礎設施來完成上列程序。這次,我們會透過 GitHub Action 完成這些事項。使用 .NET Core 進行上述工作時有一個好處,即是透過 .NET Core CLI 方式執行,除了簡化流程、可讀性高,也容易維護。下表為簡單的指令說明:

指令	說明
dotnet restore	恢復 (下載與整合) 所需要的 Nuget 套件
dotnet build	建置專案
dotnet test	執行測試專案
dotnet publish	產生可發行的成品

前置工作：透過 Visual Studio 2022 建立 ASP.NET Core MVC/ MS Test 專案

我們將使用 Visual Studio 2022 建立 ASP.NET Core MVC 專案與測試專案，推送至 GitHub 以提供後續 GitHub Action 使用。理所當然，您也可以使用現有專案。

步驟 1. 開啟 Visual Studio 2022，點選建立新的專案

步驟 2. 搜尋 ASP.NET Core，選擇 ASP.NET Core Web 應用程式 (Model-View-Controller)。

步驟 3. 輸入專案名稱，點選下一步

步驟 4. 選擇 .NET Core 版本後，點選建立按鈕

步驟 5. 滑鼠右鍵點選方案，移至加入，點選新增專案

步驟 6.　輸入 MSTest 進行搜尋，選擇 MSTest 測試專案，點選下一步

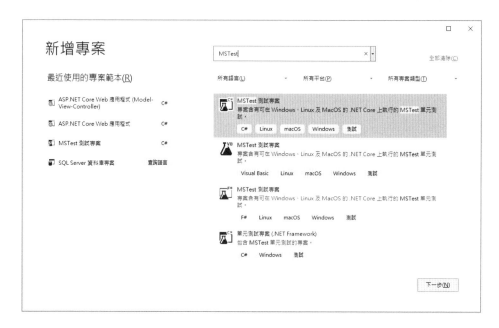

步驟 7.　輸入測試專案名稱，點選下一步

步驟 8. 選擇 .NET Core 版本，點選建立

步驟 9. 開啟 UnitTest1.cs 檔案，移除既有測試方法 TestMethod1，並加入
下列測試程式碼後存檔。

```
1    using Microsoft.VisualStudio.TestTools.UnitTesting;
2
3    namespace GitHubActionUnitTests
4    {
5        [TestClass]
         0 個參考
6        public class UnitTest1
7        {
8            [DataTestMethod]
9            [DataRow(1, 1, 2)]
10           [DataRow(12, 30, 42)]
11           [DataRow(14, 1, 15)]
             0 個參考
12           public void Test_Add(int a, int b, int expected)
13           {
14               var actual = a + b;
15               Assert.AreEqual(expected, actual);
16           }
17       }
18   }
```

步驟 10. 右鍵點選方案，選擇建立 Git 存放庫 (Visual Studio 2019 或較舊版本請使用 Team Explorer，請參考 https://ithelp.ithome.com.tw/articles/10264055)

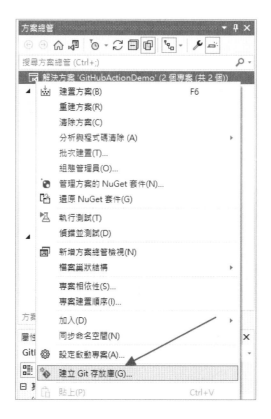

步驟 11. 輸入 GitHub 帳號資訊 (需登入)，確認存放庫名稱無誤後，點選建立並推送。

步驟 12. 檢視 GitHub Repository 列表，應用程式已經推送，完成前置工作。

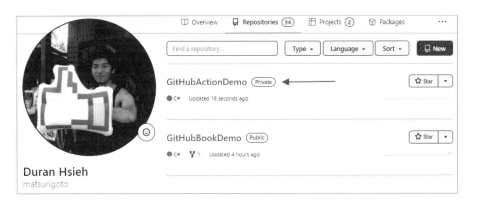

在 GitHub Action 建立 .NET Workflow (持續整合)

步驟 1. 開啟前置作業建立的 Repository，點選上方功能列點選 Actions，
找到建議內容內 .NET Workflow (或於搜尋 .NET)，點選 Configure
按鈕開始設定。

Tip: GitHub Action 會偵測 Repository 推薦相關的 Workflow 給使用者。

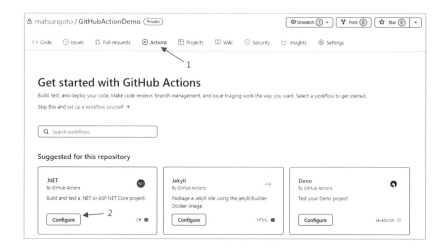

步驟 2.　YAML 檔案已經建立完成，也幫我們加入 .NET Core Workflow：
預設名稱為 .NET，觸發條件為推送至 Master 分支或對 Master 建
立 Pull Request，使用作業系統為 ubuntu 的 Runner，Runner 執行
工作為簽出程式、安裝 .NET 5、執行 Restore、Build 與 Test。

我們將 dotnet-version: 5.0.x 更改為 dotnet-version: 6.x.x

```yaml
1   name: .NET
2
3   on:
4     push:
5       branches: [ master ]          master 分支異動
6     pull_request:                    或建立 Pull Request 時
7       branches: [ master ]          觸發Workflow
8
9   jobs:
10    build:
11
12      runs-on: ubuntu-latest
13
14      steps:
15      - uses: actions/checkout@v2      簽出程式碼
16      - name: Setup .NET
17        uses: actions/setup-dotnet@v1  安裝 .NET 5.0.x
18        with:                          (請依據專案版本修改)
19          dotnet-version: 5.0.x
20      - name: Restore dependencies
21        run: dotnet restore
22      - name: Build                    Restore, Build, Test
23        run: dotnet build --no-restore
24      - name: Test
25        run: dotnet test --no-build --verbosity normal
26
```

步驟 3. 更改完成後，點選右上方 Start commit 按鈕，輸入標題與描述後，點選 Commit new file。由於在 Master 分支上進行異動，所以會自動觸發 .NET Workflow。

步驟 4. 點選功能列 Actions，即可看見 Workflow 執行中 (或執行完成)，點選中間執行紀錄，我們來檢視每一個 Step 執行狀態。

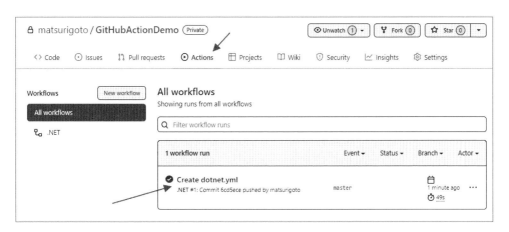

步驟 5.　Workflow 中只有一個 Job (Build)。我們於左邊側欄點選 Build，展開 Test Step，您能看見有三個單元測試通過，表示 dotnet test 指令執行成功。

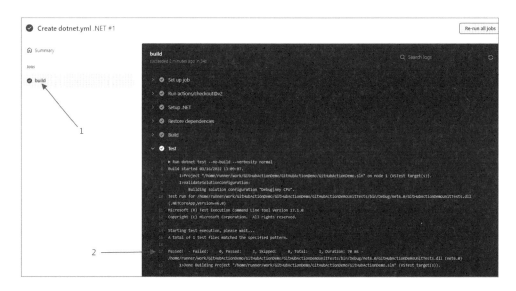

到目前為止，我們透過 GitHub Action 完成基本的 .NET Core/.NET 6 專案持續整合部分。有別於市面上多數的 CI/CD 工具，GitHub 提供大量 Workflow 樣板，結合前幾個章節 GitHub Action 教學，讀者應該具備為現有專案建立持續整合的基本能力。

▶ 實作持續整合 - 以 ASP.NET 專案 (.NET Framework) 為例

.NET Framework 與 .NET Core 從編譯至部署流程雖然有著相同的步驟，但其執行編譯、測試、發佈與部署所使用的工具卻很不同。平時進行開發工作時，無論是哪一種專案，您可以很輕鬆地透過 Visual Studio 完成編譯與發佈，而無須在意兩者之間的差異。但撰寫 Workflow 時，您必須理解並使用正確的工具，才能完成持續整合工作。

有別於 .NET Core 使用 .NET CLI 方式完成持續整合工作，.NET Framework 必須使用 NuGet 進行 Restore、MSBuild 進行建置、vstest.console 執行測試，較為複雜，本章節將逐一說明每一個步驟，讓讀者也能輕鬆完成設定。

工作事項	工具	說明
Restore	NuGet	恢復 (下載與整合) 所需要的 Nuget 套件
Build	MSBuild	建置專案
Test	Vstest	執行測試專案
Publish	MSBuild	產生可發行的成品

前置工作 : 建立 ASP.NET Web 應用程式 (.NET Framework)

我們將使用 Visual Studio 2022 建立 ASP.NET Web Form 網頁應用程式專案與測試專案，推送至 GitHub 以提供後續 GitHub Action 使用。理所當然，您也可以使用 ASP.NET MVC 專案或手邊現有專案。

步驟 1. 開啟 Visual Studio 2022，點選建立新的專案

步驟 2. 搜尋 ASP.NET Framework,選擇 ASP.NET Web 應用程式 (.NET Framework)。

步驟 3. 輸入專案名稱、專案位置、解決方案名稱與架構,點選右下方建立按鈕。

步驟 4. 選擇 Web Form，點選右下方建立按鈕

步驟 5. 滑鼠右鍵點選方案，移至加入，點選新增專案

步驟 6. 輸入 MSTest 進行搜尋,選擇單元測試專案 (.NET Framework),點選右下方下一步按鈕。

步驟 7. 輸入專案名稱、位置與架構,點選右下角建立按鈕。

步驟 8. 開啟 UnitTest1.cs 檔案，移除既有測試方法 TestMethod1，並加入
下列測試程式碼後存檔。

```
1    using Microsoft.VisualStudio.TestTools.UnitTesting;
2
3    namespace GitHubActionUnitTests
4    {
5        [TestClass]
         0 個參考
6        public class UnitTest1
7        {
8            [DataTestMethod]
9            [DataRow(1, 1, 2)]
10           [DataRow(12, 30, 42)]
11           [DataRow(14, 1, 15)]
             0 個參考
12           public void Test_Add(int a, int b, int expected)
13           {
14               var actual = a + b;
15               Assert.AreEqual(expected, actual);
16           }
17       }
18   }
```

步驟 9. 右鍵點選方案，選擇建立 Git 存放庫 (Visual Studio 2019 或較舊
版本請使用 Team Explorer，請參考 https://ithelp.ithome.com.tw/
articles/10264055)

步驟 10. 輸入 GitHub 帳號資訊 (需登入)，確認存放庫名稱無誤後，點選建立並推送。

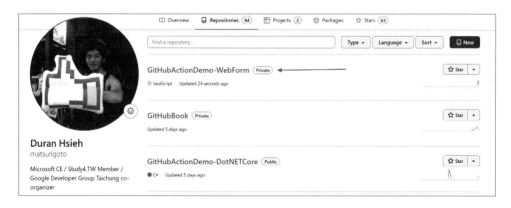

步驟 12. 檢視 GitHub Repository 列表，應用程式已經推送，完成前置工作。

在 GitHub Action 建立 .NE Framework Workflow (持續整合)

步驟 1. 開啟前置作業建立的 Repository，點選上方功能列點選 Actions，點選左方 New workflow 按鈕，開始建立持續整合流程。

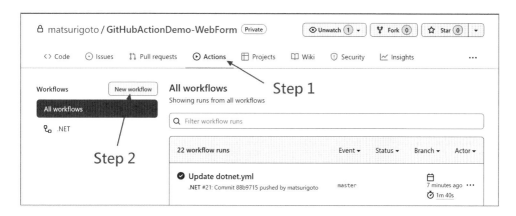

步驟 2. 我們不選擇 GitHub 建議的 Workflow，點選搜尋框上方 set up a workflow yourself 連結，我們將手動建立 Workflow。

步驟 3. 刪除 Workflow 所有內容，加入下圖中的語法。對於 .NET Framework 專案，在執行建置與測試前，我們必須先安裝所需要的工具，包含 MSBuild、NeGut 與 VSTest。您能直接使用官方、第三方作者建立 Action 完成安裝動作，如 microsoft/setup-msbuild@1.1、NuGet/setup-nuget@1.0.5 與 darenm/Setup-VSTest@v1。

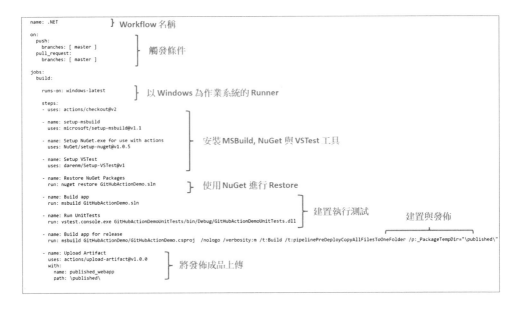

Tip: .NET Framework 應用程式只能執行在 Windows 作業系統，所以 workflow 中必須指定使用以 windows 為作業系統的 Runner。

完成安裝工具的三個步驟後，我們必須先建置方案並執行單元測試，確認測試通過後再發佈應用程式。我們透過 msbuild [方案檔名稱].sln 進行建置，再使用 vstest.console.exe 指定單元測試專案編譯後 dll 位置，執行單元測試。

```
- name: Build app
  run: msbuild GitHubActionDemo.sln
```

```
- name: Run UnitTests
  run: vstest.console.exe GitHubActionDemoUnitTests/bin/Debug/
  GitHubActionDemoUnitTests.dll
```

接下來，我們透過 MSBuild 指定專案檔案 (.csproj)，進行建置與發佈工作，並將成品發佈至根目錄 published 內資料夾。完整語法如下：

```
msbuild GitHubActionDemo/GitHubActionDemo.csproj  /nologo /
verbosity:m /t:Build /t:pipelinePreDeployCopyAllFilesToOneFolder /p:_
PackageTempDir="\published\"
```

最後我們上傳成品，方便後續部署工作使用。使用 actions/upload-artifact@v1.0.0 並指定路徑 published，即完成持續整合階段所有步驟。

```
- name: Upload Artifact
 uses: actions/upload-artifact@v1.0.0
 with:
  name: published_webapp
  path: \published\
```

步驟 4. 更完成後，點選右上方 Start commit 按鈕，輸入標題與描述後，點選 Commit new file。由於在 Master 分支上進行異動，所以會自動觸發 .NET Workflow。

步驟 5.　點選功能列 Actions，即可看見 Workflow 執行中 (或執行完成)，
　　　　　點選中間執行紀錄，我們來檢視每一個 Step 執行狀態。

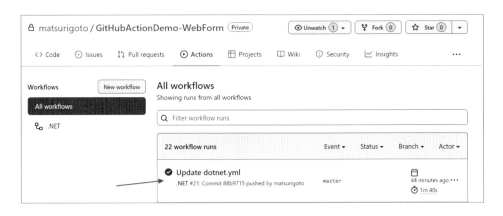

步驟 6.　因為有上傳成品步驟，所以您可以在下方檢視成品內容是否正確；
　　　　　我們點選中間 Build Job，檢視詳細執行流程

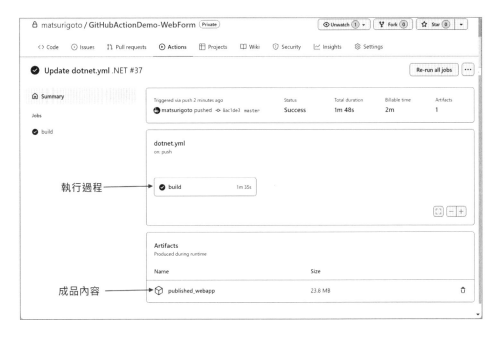

步驟 7.　可以看見所有步驟皆成功執行，展開 Run UnitTests，您能看見有
　　　　　三個單元測試通過，表示 VSTest 成功執行單元測試。

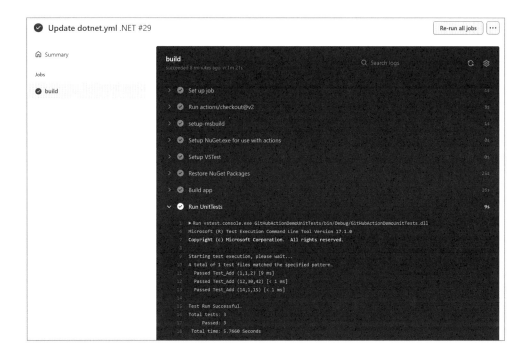

到目前為止，我們透過 GitHub Action 完成基本的 .NET Framework 專案持續整合部分。有別於 .NET Core 專案使用 GitHub 提供的 Workflow 樣板，我們詳細的說明 .NET Framework 開發至部署流程，並且使用既有 Action 與指令將這些工作事項轉換成自動化步驟。經過這一個章節，相信讀者已經具備透過將平時工作轉換成自動化步驟的能力。在下一個章節，我們將開始介紹使用 GitHub Action 進行持續部署工作。

▶ 實作持續交付 – 將 ASP.NET Core 部署至 Azure App Service

ASP.NET Core 具有跨平台特性，可以在 Windows、Linux 與 MacOS 作業系統上執行，可以部署至不同 Web Server 或雲端應用程式服務，包含 IIS、Nginx、Azure App Service、AWS Elastic Beanstalk、GCP App Engine…等。我們將以部署中心自動設定工作流程與手動設定工作流程兩種方式，說明如何使用 GitHub Action 將應用程式部署至 Azure App Service。

前置工作：建立 Azure App Services

步驟 1. 開啟 Azure Portal，點選建立資源

步驟 2. 搜尋並選取 Web 應用程式

步驟 2. 輸入資源群組、名稱…等相關訊息，請確認 .NET Core 版本與 Repository 內專案版本一致。為了呈現 .NET Core 跨平台特性，作業系統選擇 Linux。

步驟 3. 持續佈署選擇停用，點選 下一步：監視 按鈕。

步驟 4. Application Insights 能有效即時監視應用程式層級效能與問題，其強大的分析工具提供開發人員快速找出問題，您可以依據需求啟用。點選 下一步：標籤 按鈕。

步驟 5. 標籤可以有效管理雲端服務，您可以依據情境設定標籤。點選 下一步：檢視 + 建立按鈕。

步驟 6. 檢視 + 建立檢查設定內容是否正確，並彙整設定內容。確認無誤後，點選 建立 按鈕，等待 Web 應用程式建立完成。

方法 1: 使用 Azure App Service 部署中心進行部署

我們將使用 Azure App Service 內部署中心功能建立 Workflow。這種方式需要使用者授權 GitHub 權限,部署中心將自動建立 Workflow 與對應的環境變數。

步驟 1.　在 Web 應用程式左邊側欄點選部署中心,選擇來源 GitHub,並點選授權按鈕。

步驟 2.　輸入 GitHub 帳號密碼進行登入

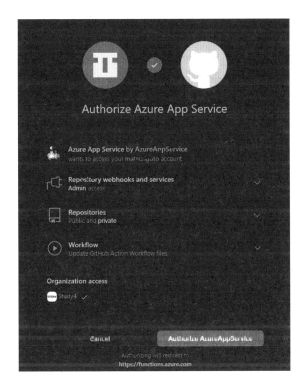

步驟 3. 需 要 授 權 給 App Service Repository 與 Workflow 權 限。 點 選
Authorize AzureAppService 按鈕。

步驟 **4.**　回到部署中心，依據情境選擇組織 (使用者)、Repository 與分支，
選擇新增工作流程，點選上方儲存按鈕完成設定。

步驟 **5.**　在 Repository 內 .github/workflows 內可以看見部署中心自動建
立的 Workflow。Event 設定為**推送至 main 分支或手動**，並使用
ubuntu-latest Runner 執行 workflow。

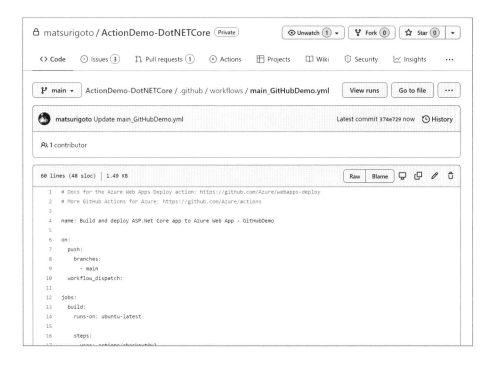

Workflow 包含兩個 Job，分別為 Build 與 Deploy。其中 Build 階段執行步驟與「實作持續整合 - 以 ASP.NET Core 專案為例」的 Workflow 相似，執行 .NET 環境設定、建置、發佈工作。不同的是少了 Restore 與 Test 工作，多了發佈成品工作 (Upload Artifact)。

Tip: 建置指令 dotnet build 具有先執行 restore 動作的特性，所以 workflow 可以不設定 restore 步驟。

Tip: 通常 Artifact 泛指為交付內容，或經過編譯、發佈的產生的內容，可用於測試與部署。

Tip: 一般來說，我們會將持續整合後產生的內容進行包裝並上傳，提供後續佈署時使用。GitHub 提供 upload-artifact action 簡化並一致化這個步驟。

```
13    build:
14      runs-on: ubuntu-latest
15
16      steps:
17        - uses: actions/checkout@v2                                      簽出程式
18
19        - name: Set up .NET Core
20          uses: actions/setup-dotnet@v1
21          with:                                                          安裝 .NET Core 3.1
22            dotnet-version: '3.1.301'
23            include-prerelease: true
24
25        - name: Build with dotnet
26          run: dotnet build --configuration Release                      建置應用程式
27
28        - name: dotnet publish
29          run: dotnet publish -c Release -o ${{env.DOTNET_ROOT}}/myapp   發佈應用程式
30
31        - name: Upload artifact for deployment job
32          uses: actions/upload-artifact@v2
33          with:                                                          包裝發佈內容(成品)
34            name: .net-app
35            path: ${{env.DOTNET_ROOT}}/myapp
```

因為範例方案下有兩個專案，網頁應用程式專案與測試專案。若直接使用
部署中心產生的 Workflow 發佈方案，會產生兩個成品。若直接將這兩個成
品直接部署至 Azure App Service，會導致網站內部錯誤。

因此我們需要指定網頁應用程式專案，找到下列程式碼

```
- name: dotnet publish
  run: dotnet publish -c Release -o ${{env.DOTNET_ROOT}}/myapp
```

指定專案檔案位置，修改如下：(ActionDemo 為專案名稱，請依據您的實際
情況調整)

```
- name: dotnet publish
  run: dotnet publish ActionDemo/ActionDemo.csproj -c Release -o ${{env.
DOTNET_ROOT}}/myapp
```

步驟 6. 我們仍需要加入測試步驟，確保通過單元測試才進行佈署，首先我們先找到 Build with dotnet 步驟，移除 --configuration Release。修改後內容如下：

```
- name: Build with dotnet
  run: dotnet build
```

接下來，我們在 Build with dotnet 與 dotnet publish 之間加入下列測試步驟，如此一來，即可正確的執行單元測試

```
- name: Test
  run: dotnet test --no-build --verbosity normal
```

步驟 8. 檢視 Deploy 階段設定，包含 runs-on、needs 與 enviroment 設定。runs-on 表示使用 ubuntu-latest 作業系統的 Runner；needs 表示 Job 之間的相依性：在執行 Deploy 前，需要先執行 Build。

```
40   deploy:
41     runs-on: ubuntu-latest            } 執行前需先執行 build job
42     needs: build
43     environment:
44       name: 'Production'              } 設定環境
45       url: ${{ steps.deploy-to-webapp.outputs.webapp-url }}
46
47     steps:
48       - name: Download artifact from build job
49         uses: actions/download-artifact@v2    下載 artifact
50         with:
51           name: .net-app
52
53       - name: Deploy to Azure Web App
54         id: deploy-to-webapp
55         uses: azure/webapps-deploy@v2         部署至 Azure Web 應用程式
56         with:
57           app-name: 'GitHubDemo2'
58           slot-name: 'Production'
59           publish-profile: ${{ secrets.AZUREAPPSERVICE_PUBLISHPROFILE_F1CF479424034909AACE4D2137B73D44 }}
60           package: .
```

Environment 為 GitHub 多環境設定功能，可以讓使用者方便管理不同環境設置。Workflow 內指定使用 Production environment。Environment 內指定 url 會在部署頁面上顯示。

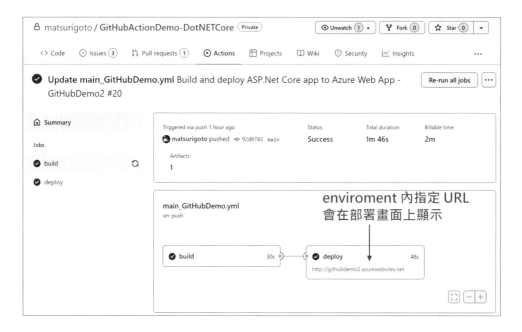

Deploy 內有兩個步驟，分別是 download artifact 與部署至 Azure App Service。download artifact 步驟內指定的 name，需要與 Build 階段 upload artifact 步驟內的 name 相同。

部署至 Azure App Service 需要發行設定檔 (Publish Profile)，裡面包含部署網址、使用者名稱、密碼與應用程式網址資訊。因為內容敏感，在部署中心授權建立 Workflow 的同時，將發布設定檔內容新增至 Secret 以提供 Workflow Deploy 階段時使用。

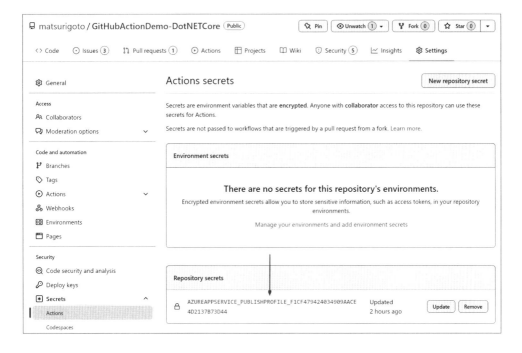

步驟 7. 完成修改並提交後會觸發 workflow。

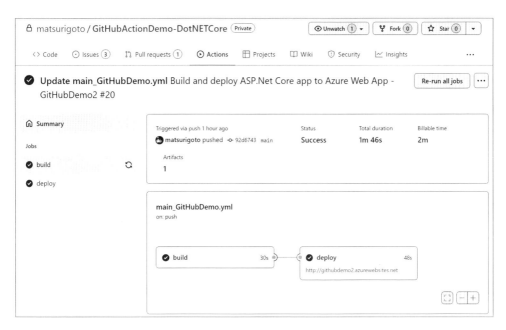

步驟 8.　等待部署完成，開啟網頁確認網站正常運作

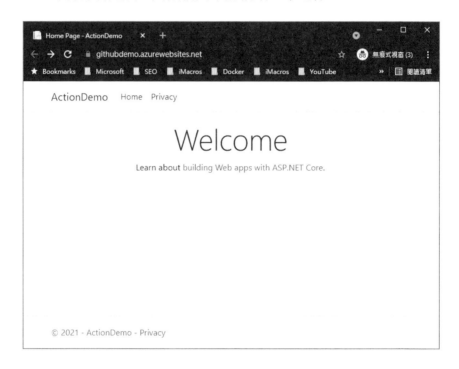

方法 2: 手動設定 Workflow

透過 GitHub 與 Azure App Services 部署中心產生 Workflow 相當方便，讓第一次設定的使用者可以快速上手。實際上，因為每一個專案情境不同，多少需要理解語法並手動修改 Workflow 以滿足需求。接下來，我們將使用「實作持續整合 - 以 ASP.NET Core 專案為例」的 Workflow，手把手的方式設定部署流程，讓讀者對於部署至 Azure App Services 有更細的理解。

步驟 1.　在 Web 應用程式左邊側欄點選部署中心，於上方功能列點選發行設定檔。

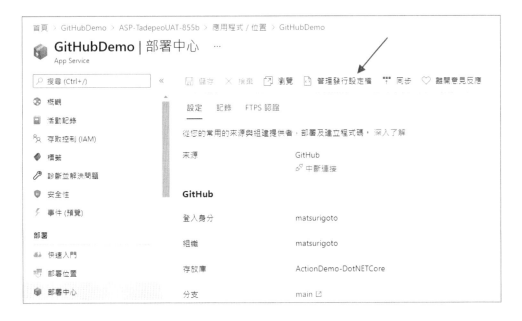

步驟 2. 於上方功能列點選下載發行檔案。

步驟 3. 開啟 Repository，於上方功能列點選 Settings，在左邊側欄展開
Secret，點選 Actions。在 Actions Secrets 畫面，點選右上方 New
repository secret 按鈕。

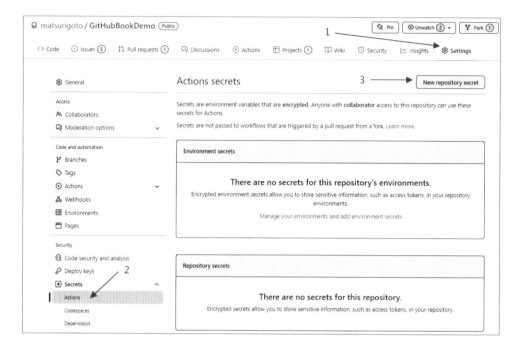

步驟 **4.** Name 部分可以自訂名稱，我們使用 AZUREAPPSERVICE_ PUBLISHPROFILE；將步驟 2.下載的發行設定檔以記事本開啟後，將內容複製貼上至 Value 欄位。

步驟 5. 接下來，我們將更改「實作持續整合 - 以 ASP.NET Core 專案為例」
的所產生的 Workflow。我們將透過一個 Job 完成 Build 與 Deploy
所有步驟，所以先將 Job 的名稱更改為 build_and_deploy 方便識別。
在 Workflow step 最後增加兩個步驟：publish 與 deploy。

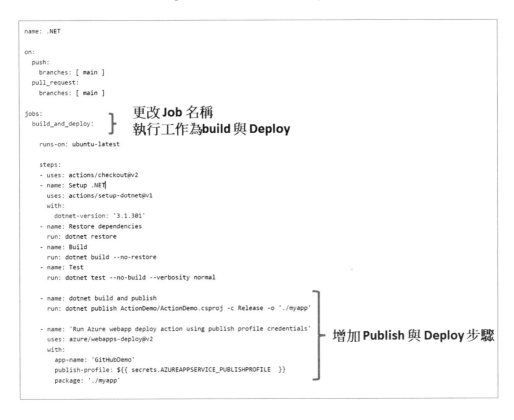

您可能會發現，有別於部署中心產生的 Workflow，我們只建立一個 Job，
並且省略了 Upload Artifact 與 Download Artifact 兩個步驟。看似內容簡化
的不少，但兩個不同 Workflow 所適用情境不同。我們將「自訂代理程式環
境的最佳選項 - Self-hosted runners」章節內詳細說明什麼情境下需要拆分兩
個 Job。

步驟 6. 完成修改並提交後會觸發 **workflow**。

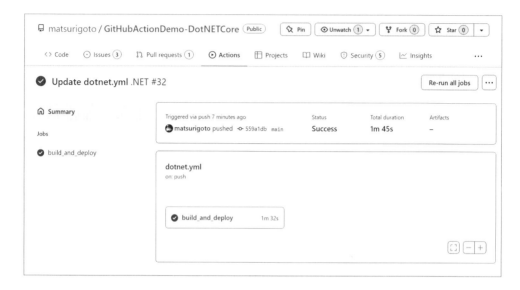

步驟 7.　等待部署完成，開啟網頁確認網站正常運作

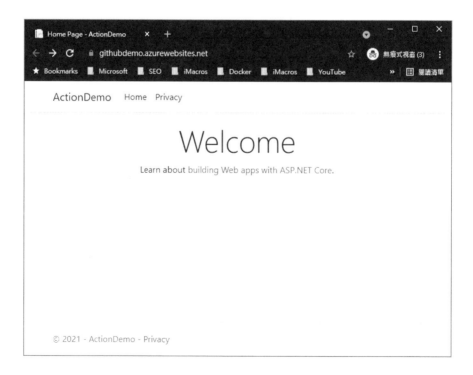

▶ 實作持續交付 – 將 ASP.NET 應用程式 (.NET Framework) 部署至 Azure App Service

不同於 ASP.NET Core，ASP.NET (Framework) 專案只能在 Windows 作業系統上執行，部署的選擇也較少 (IIS 與 Azure App Service)。相同的，我們將以部署中心自動設定工作流程與手動設定工作流程兩種方式，說明如何使用 GitHub Action 將應用程式部署至 Azure App Service。

前置工作：建立 Azure App Services

步驟 1. 開啟 Azure Portal，點選建立資源

步驟 2. 搜尋並選取 Web 應用程式

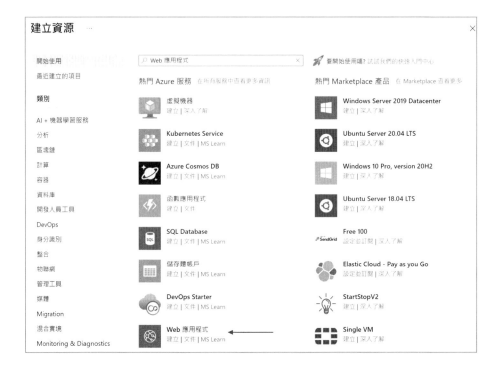

步驟 3. 輸入資源群組、名稱…等相關訊，請確認 .NET Framework 版本與 Repository 內架構版本一致。作業系統選擇 Windows。

步驟 **4.** 持續佈署選擇停用,點選 下一步 : 監視 按鈕。

步驟 **5.** Application Insights 能有效即時監視應用程式層級效能與問題,其強大的分析工具提供開發人員快速找出問題,您可以依據需求啟用。點選 下一步 : 標籤 按鈕。

步驟 6. 標籤可以有效管理雲端服務，您可以依據情境設定標籤。點選 下一步：檢視 + 建立按鈕。

步驟 7. 檢視 + 建立檢查設定內容是否正確，並彙整設定內容。確認無誤後，點選 建立 按鈕，等待 Web 應用程式建立完成。

方法 1: 使用 Azure App Service 部署中心進行部署

我們將使用 Azure App Service 內部署中心功能建立 Workflow。這種方式需要使用者授權 GitHub 權限，部署中心將自動建立 Workflow 與對應的環境變數。

步驟 1. 在 Web 應用程式左邊側欄點選部署中心，選擇來源 GitHub，並點選授權按鈕。

步驟 2. 輸入 GitHub 帳號密碼進行登入

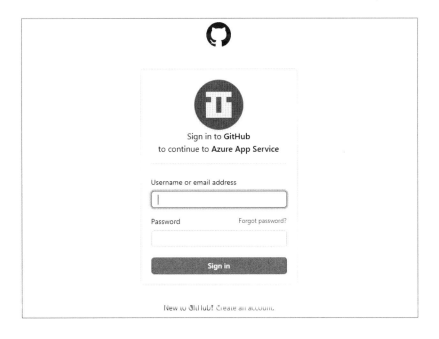

步驟 3. 需要授權給 App Service Repository 與 Workflow 權限。點選 Authorize AzureAppService 按鈕。

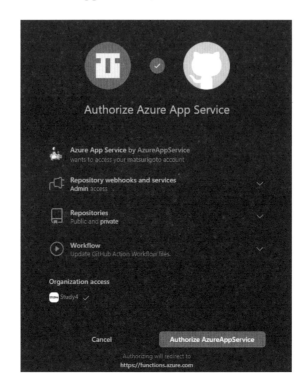

步驟 4. 回到部署中心，依據情境選擇組織 (使用者)、Repository 與分支，
選擇新增工作流程，點選上方儲存按鈕完成設定。

步驟 5. 在 Repository 內 .github/workflows 內可以看見部署中心自動建立的 Workflow。Event 設定為**推送至 master 分支或手動**，並使用 windows-latest Runner 執行 workflow。

Workflow 包含兩個 Job，分別為 Build 與 Deploy。其中 Build 階段執行步驟與「實作持續整合 - ASP.NET 應用程式 (.NET Framework)」的 Workflow 相似，增加安裝 NuGet 與 MSBuild 步驟，並執行 Restore 與 Build 工作。不同的是少了安裝 VSTest 與執行測試工作，多了發佈成品工作 (Upload Artifact)。

Tip: 通常 Artifact 泛指為交付內容，或經過編譯、發佈的產生的內容，可用於測試與部署。

Tip: 一般來說，我們會將持續整合後產生的內容進行包裝並上傳，提供後續佈署時使用。GitHub 提供 upload-artifact action 簡化並一致化這個步驟。

```
12  jobs:
13    build:
14      runs-on: windows-latest    } 使用 Windows 作業系統 Runner
15
16      steps:
17        - uses: actions/checkout@v2  } 簽出程式
18
19        - name: Setup MSBuild path
20          uses: microsoft/setup-msbuild@v1.0.2
21                                              } 安裝 MSBuild 與 NuGet
22        - name: Setup NuGet
23          uses: NuGet/setup-nuget@v1.0.5
24
25        - name: Restore NuGet packages
26          run: nuget restore            } 執行 Restore
27                                                         執行 Build
28        - name: Publish to folder
29          run: msbuild /nologo /verbosity:m /t:Build /t:pipelinePreDeployCopyAllFilesToOneFolder /p:_PackageTempDir="\published\"
30
31        - name: Upload artifact for deployment job
32          uses: actions/upload-artifact@v2
33          with:
34            name: ASP-app                 } 上傳成品
35            path: '/published/**'
```

因為範例方案下有兩個專案，網頁應用程式專案與測試專案。若直接使用部署中心產生的 Workflow 發佈方案，會產生兩個成品。若直接將這兩個成品直接部署至 Azure App Service，會導致網站內部錯誤。

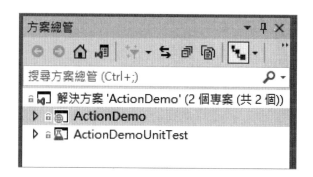

因此我們需要指定網頁應用程式專案檔案 (.csproj)。找到 Publish to folder 步驟

```
- name: Publish to folder
  run: msbuild /nologo /verbosity:m /t:Build /t:pipelinePreDeployCopyAllFiles
ToOneFolder /p:_PackageTempDir="\published\"
```

我們需要指定專案檔案位置，修改如下：(ActionDemo 為專案名稱，請依據您的實際情況調整)

```
- name: Publish to folder
  run: msbuild GitHubActionDemo/GitHubActionDemo.csproj /nologo
  /verbosity:m /t:Build /t:pipelinePreDeployCopyAllFilesToOneFolder
  /p:_PackageTempDir="\published\"
```

步驟 6. 我們仍需要加入測試步驟，確保通過單元測試才進行佈署。首先我們先找到 Restore NuGet packages 步驟，在這個步驟之後加入下列三個步驟：安裝 VSTest、Build App 與 Run UnitTests。

```
- name: Setup VSTest
  uses: darenm/Setup-VSTest@v1
```

```
- name: Build app
  run: msbuild GitHubActionDemo.sln
```

```
- name: Run UnitTests
  run: vstest.console.exe GitHubActionDemoUnitTests/bin/Debug/
GitHubActionDemoUnitTests.dll
```

步驟 7. 檢視 Deploy 階段設定，包含 runs-on、needs 與 environment 設定。runs-on 表示使用 ubuntu-latest 作業系統的 Runner；needs 表示 Job 之間的相依性：在執行 Deploy 前，需要先執行 Build。

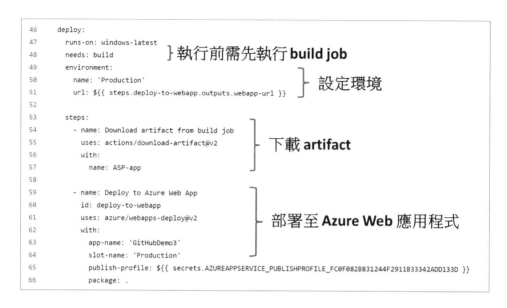

Environment 為 GitHub 多環境設定功能，可以讓使用者方便管理不同環境設置。Workflow 內指定使用 Production environment。Environment 內指定 url 會在部署頁面上顯示。

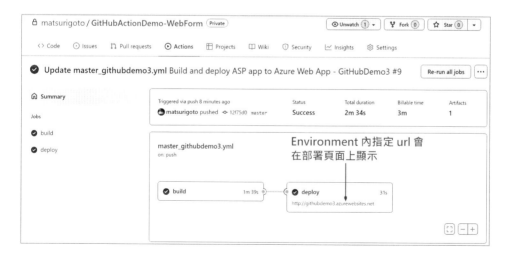

Deploy 內有兩個步驟，分別是 download artifact 與部署至 Azure App Service。download artifact 步驟內指定的 name，需要與 Build 階段 upload artifact 步驟內的 name 相同。

部署至 Azure App Service 需要發行設定檔 (Publish Profile)，裡面包含部署網址、使用者名稱、密碼與應用程式網址資訊。因為內容敏感，在部署中心授權建立 Workflow 的同時，將發布設定檔內容新增至 Secret 以提供 Workflow Deploy 階段時使用。

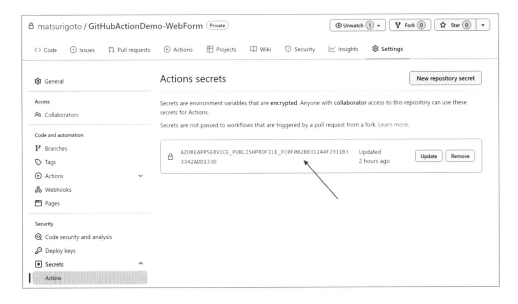

步驟 7. 完成修改並提交後會觸發 workflow

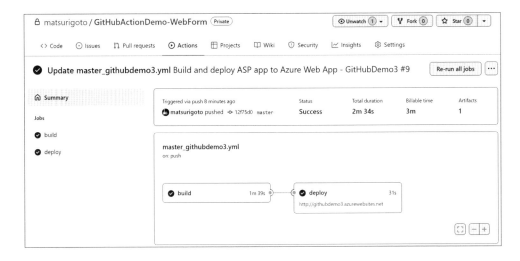

步驟 8. 等待部署完成，開啟網頁確認網站正常運作

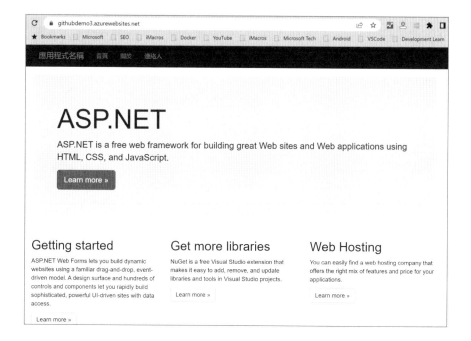

方法 2: 手動設定 Workflow

透過 GitHub 與 Azure App Services 部署中心產生 Workflow 相當方便，讓第一次設定的使用者可以快速上手。實際上，因為每一個專案情境不同，多少需要理解語法並手動修改 Workflow 以滿足需求。接下來，我們將使用「實作持續整合 - 以 ASP.NET 專案 (.NET Framework) 為例」的 Workflow，手把手的方式設定部署流程，讓讀者對於部署至 Azure App Services 有更細的理解。

步驟 1.　在 Web 應用程式左邊側欄點選部署中心，於上方功能列點選發行
設定檔。

步驟 2.　於上方功能列點選下載發行檔案。

步驟 3.　開啟 Repository，於上方功能列點選 Settings，在左邊側欄展開
Secret，點選 Actions。在 Actions Secrets 畫面，點選右上方 New
repository secret 按鈕。

步驟 4. Name 部分可以自訂名稱，我們使用 AZUREAPPSERVICE_ PUBLISHPROFILE；將步驟 2. 下載的發行設定檔以記事本開啟後，接內容複製貼上至 Value 欄位。

步驟 5.　接下來，我們將更改「實作持續整合 - 以 ASP.NET 專案 (.NET Framework) 為例」的 Workflow。我們將透過一個 Job 完成 Build 與 Deploy 所有步驟，所以先將 Job 的名稱更改為 build_and_deploy 方便識別。在 Workflow 移除原有 upload artifact 步驟，新增 Deploy to Azure Web App 步驟，並在 publish-profile 內使用前一個步驟建立的 Secret，完成 workflow 編輯。(您能在 https://github.com/matsurigoto/GitHubActionDemo-WebForm/tree/master/.github/workflows 找到完整範例)

```
name: .NET

on:
  push:
    branches: [ master ]
  pull_request:
    branches: [ master ]

jobs:
  build_and_deploy:          } 更改 Job 名稱為 build_and_deploy

    runs-on: windows-latest

    steps:
    - uses: actions/checkout@v2

    - name: setup-msbuild
      uses: microsoft/setup-msbuild@v1.1

    - name: Setup NuGet.exe for use with actions
      uses: NuGet/setup-nuget@v1.0.5

    - name: Setup VSTest
      uses: darenm/Setup-VSTest@v1

    - name: Restore NuGet Packages
      run: nuget restore GitHubActionDemo.sln

    - name: Build app
      run: msbuild GitHubActionDemo.sln

    - name: Run UnitTests
      run: vstest.console.exe GitHubActionDemoUnitTests/bin/Debug/GitHubActionDemoUnitTests.dll

    - name: Build app for release
      run: msbuild GitHubActionDemo/GitHubActionDemo.csproj /nologo /verbosity:m /t:Build /t:pipelinePreDeployCopyAllFilesToOneFolder /p:_PackageTempDir="\published\"

    - name: Deploy to Azure Web App
      id: deploy-to-webapp
      uses: azure/webapps-deploy@v2
      with:
        app-name: 'GitHubDemo3'
        slot-name: 'Production'
        publish-profile: ${{ secrets.AZUREAPPSERVICE_PUBLISHPROFILE_FC0F082B831244F2911B33342ADD133D }}
        package: \published\
```

移除原有 upload artifact，加入 Deploy to Azure Web App 步驟

您可能會發現，有別於部署中心產生的 Workflow，我們只建立一個 Job，並且省略了 Upload Artifact 與 Download Artifact 兩個步驟。看似內容簡化的不少，但兩個不同 Workflow 所適用情境不同。我們將「自訂代理程式環境的最佳選項 - Self-hosted runners」章節內詳細說明什麼情境下需要拆分兩個 Job。

步驟 6. 完成修改並提交後會觸發 workflow。

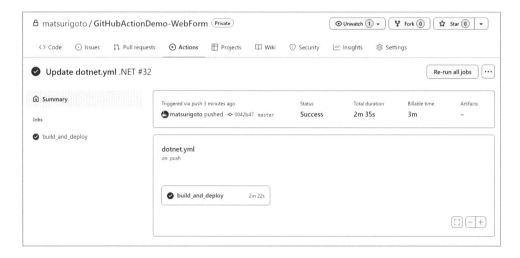

步驟 7. 等待部署完成，開啟網頁確認網站正常運作，即完成手動設定工作流程。

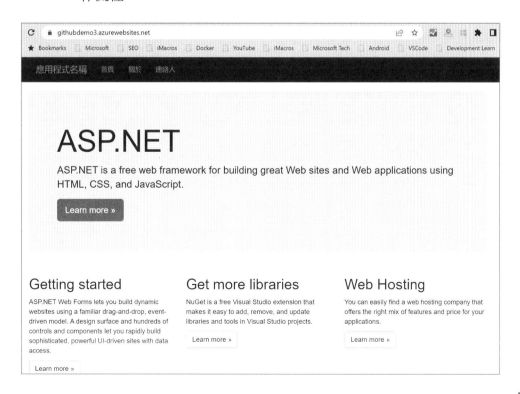

▶ 常見持續部署架構與自訂代理程式 (Self-hosted runner)

經過前面幾個章節的介紹，讀者應該有感受到透過 GitHub Action 執行持續整合並持續部署至雲端 Web 應用程式服務相當方便。除了有許多現成 Action 可以簡化持續整合工作，方便管理 workflow，甚至透過部署中心自動產生 Workflow，讓開發人員修改使用。但有些企業可能因為擁有既有資源 (機房)、受限資安規範或特殊的使用情境，無法直接使用雲端服務時，即必須依據需求，自行撰寫合適的 command 或 Action 進行地端環境部署。我們將簡單介紹常見應用程式部署方式與持續部署架構，讓讀者可以從中選擇或以混合的方式，具有能力在組織內部建立合適的持續部署架構。

常見部署方式

- 直接複製成品至網站資料夾 (如 Copy Command、Robocopy、FTPS... 等)

下載成品並使用 Copy Command 或工具，將成品直接複製到網站資料夾內，相當直覺，但有許多注意事項，如：

1. 關閉站台再進行部署，避免檔案被咬住而部署失敗

2. 下載 / 傳遞成品時要注意權限範圍 (如：Administrator 權限) 與安全性問題 (如：加密傳輸 FTPS)

3. 專案或 pipeline 複雜時，須注意複製的內容是否完整

- 使用 Service 方式部署 (如 WebDeploy 或 Self-hosted runners)

比較方便的一種作法，因為本身有代理程式 / 服務運作在伺服器上，只需要給予適度的權限，即可幫您做到完善的部署流程。缺點是因為對外開著一個服務，如何不被有心人士額外使用，在認證、驗證與管理需要額外謹慎 (如：不要使用 WebDeploy 預設 8172 port，建議自訂其他 port；其他代理程式建議使用 443 與 token 驗證)

- 使用指令方式進行 (如 Remote PowerShell)

有權限有指令幾乎都什麼都能做到，但缺點是難度很高，主要原因如下

1. 需要許多權限、網路與安全性的設定：每台主機都要關掉些許安全設定，
不但繁瑣也不安全

2. 需要完整了解指令使用方式：若不是熟練的工程師，需要花費很多時間
理解與測試

3. 難以維護：對於團隊來說最大的問題，除了過幾個月後完全忘了指令在
做什麼，交接給團隊其他人也耗時費力

代理程式部署架構

我們在「開始自動化工作流程的第一步 - GitHub Actions」章節中有提到
Runner (代理程式) 主要負責執行 Workflow 內每一個步驟，包含建置、測
試、發佈工作，最後部署至雲端應用程式服務。如下圖所示，這是簡單且
理想的架構，由於 GitHub Action 與各家雲端服務高度整合，您可以輕鬆地
使用既有的 Action 或雲端服務產生的 workflow，快速且準確地完成自動化
流程。

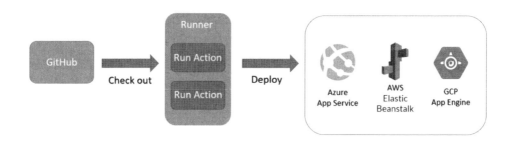

如果要部署至網站伺服器上，即需要思考很多問題。一般來說，因為擁有
伺服器或虛擬機器資源，許多團隊會優先想到使用 Self-hosted runners：將
代理程式安裝至自身擁有的伺服器或虛擬機器上。除了可以節省成本，發
佈的成品可以使用簡單的指令或工具，管理網站伺服器並進行部署，直覺
且容易維護。

Tip: 使用 Self-hosted runners 可以事先安裝必要的建置工具，Workflow 執行
時可以省略安裝步驟，但不建議直接安裝整合開發工具至 Production。

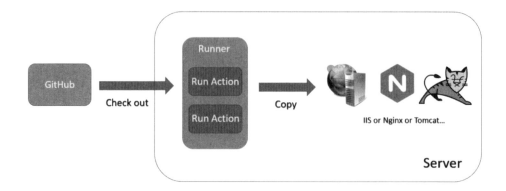

這架構看似很不錯，但實際維運一陣子後，團隊漸漸會發現一些問題：

1. 若許多 Repository 共用同一個 Runner，您會發現網站伺服器上安裝很多不同建置工具 (如 .NET Framework, .NET Core, JDK, AndroidSDK, Maven, NodeJS... etc.)，但可能都不是網頁應用程式所需要的，導致伺服器環境越來越複雜。

2. 頻繁的建置 / 測試工作，消耗伺服器資源 (如 : npm install 時需要下載大量相關套件)，導致伺服器維運不穩定。

因此，為了解決維運問題，延伸出另一種方式：主要負責建置、測試、分析的 Runner 與負責部署的 runner。這也是為什麼在前面實作持續部署章節中，會分成 Build 與 Deploy 兩個 Job，在 Build Job 結束前 Upload Artifact，在 Deploy Job 開始時 Download Artifact。

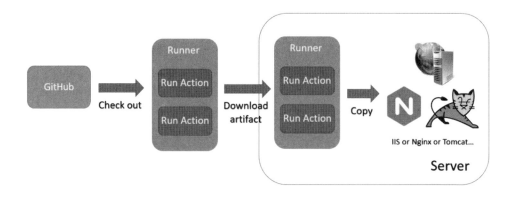

另一種解決方案，則是透過遠端指令 (如 Remote PowerShell) 或 Service (WebDeploy) 方式進行部署。此架構下，需要合適的規則權限與防火牆規則才能實現，其維護成本較高。

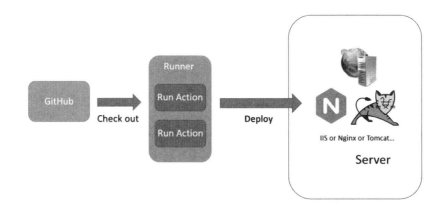

隨著產品規模增加，開發團隊也越越來越多，您漸漸發現建置 Runner 越來越忙碌，除了建置、測試、發佈工作，也加入了程式碼分析、安全掃描、整合測試、壓力測試…等，幾乎全年無休的在運作，甚至開始影響到正式環境部署。這個時候，即需要一個專職於 production 使用的 runner，避免影響正式環境持續整合與持續部署工作。

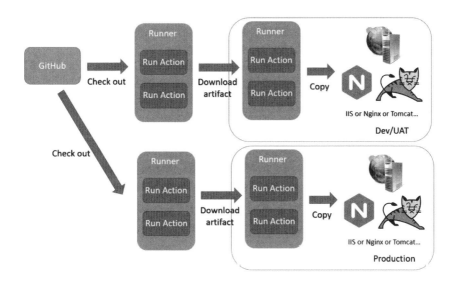

理所當然，並非所有組織內部的持續整合與持續部署架構皆與上面相同。但讀者可以參考這些部署方法與部署架構，依據實際情境規劃適合團隊的整合流程，避免錯誤部署的大幅提升管理與維運成本，甚至產生安全性問題。

Self-hosted runners

使用由 GitHub 所提供的 Runner 最大好處即為不須維護伺服器，只需在 workflow 內指定作業系統與安裝特定套件即可。其缺點為若不是 Public repository，會依據執行時間計費。理所當然，組織擁有資源，也可以使用既有的伺服器或虛擬機器，安裝 Runner 以執行自動化工作。除了可以節省成本，也能依據需求安裝不同的分析工具與套件，高度自訂專屬團隊的自動化流程。這種在既有資源上安裝 Runner 的方式，我們稱之為 Self-hosted runners。

Tips: Self-hosted runners 超過 30 天未連接至 GitHub Action，GitHub 會自動刪除其設定。

Tips: 建議只在 Private repository 使用 Self-hosted runners。Public Repository 可能埋藏惡意程式，若您透過 Fork 功能並使用 Self-hosted runners 執行自動化工作，可能會導致伺服器陷入威脅之中。

Self-hosted runners 雖然可以讓團隊進行高度自訂自動化流程，但相對的其人力維護成本也較高。除了既有作業系統更新與網路維護，建置過程所使用的開發工具需要事先安裝 (如：Build Tools for Visual Studio, JDK, Android SDK... 等)，當團隊開發工具版本更新時，必須需要同步更新版本，以確保自動化流程正確運作。Self-hosted runners 從管理層面來看，可以分成三類：

1. Repository-level runners：可以指定專屬於單一 repository

2. Organization-level runners：可以給組織內多個 repository 使用

3. Enterprise-level runners：可以在企業帳號中，給多個組織使用

Self-hosted runners 規格

可以安裝 Self-hosted runners 的作業系統與對應的版本如下：

- Linux
  - Red Hat Enterprise Linux 7 or later
  - CentOS 7 or later
  - Oracle Linux 7
  - Fedora 29 or later
  - Debian 9 or later
  - Ubuntu 16.04 or later
  - Linux Mint 18 or later
  - openSUSE 15 or later
  - SUSE Enterprise Linux (SLES) 12 SP2 or later
- Windows
  - Windows 7 64-bit
  - Windows 8.1 64-bit
  - Windows 10 64-bit
  - Windows Server 2012 R2 64-bit
  - Windows Server 2016 64-bit
  - Windows Server 2019 64-bit
- macOS
  - macOS 10.13 (High Sierra) or later

建立 Repository-level runners

Windows self-hosted runner

步驟 1. 在 Repository 上方功能列點選 Settings，於左邊側欄展開 Actions 後點選 Runners，點選右上方 New self-hosted runner 按鈕

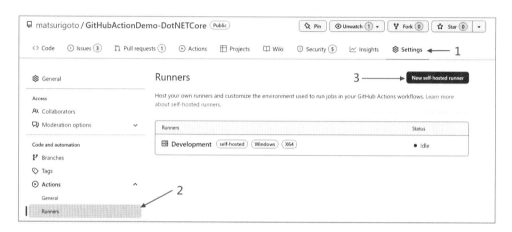

步驟 2. 選擇作業系統與架構。依據作業系統不同，GitHub 提供不同安裝說明。多數情況下，您只需要複製語法在終端機或命令列執行即可完成設定工作。

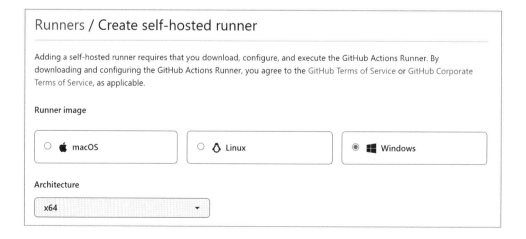

步驟 3. Windows 設定部分是以管理者權限，透過 PowerShell 進行安裝。您可以依據網頁上提供的安裝步驟命令進行設定。以管理者身分開啟 PowerShell，並依序輸入下列指令：

```
# 在系統槽下建立資料夾
mkdir actions-runner; cd actions-runner
```

```
# 下載最新版本 Runner 壓縮檔案
Invoke-WebRequest -Uri https://github.com/actions/runner/releases/
download/v2.289.1/actions-runner-win-x64-2.289.1.zip -OutFile actions-
runner-win-x64-2.289.1.zip
```

```
# 選擇性使用 : 驗證 hash
if((Get-FileHash -Path actions-runner-win-x64-2.289.1.zip -Algorithm
SHA256).Hash.ToUpper() -ne '5ae4f5890c5c7bdc447d67f4579f72de51f799d
3fbbb900cbcc37b37503b0967'.ToUpper()){ throw 'Computed checksum did
not match' }
```

```
# 解壓縮程式
Add-Type -AssemblyName System.IO.Compression.FileSystem ; [System.
IO.Compression.ZipFile]::ExtractToDirectory("$PWD/actions-runner-win-x64-
2.289.1.zip", "$PWD")
```

注意：當你執行 Invoke-WebRequest -Uri https://github.com/act... 若出現 Could not create SSL/TLS Security Channel 錯誤，可以輸入 [Net.ServicePointManager]::SecurityProtocol = "tls12, tls11, tls" 啟用 tls 以排除問題

▲ 安裝過程可能遇到 SSL/TLS 安全性問題

步驟 4. 接下來我們要設定 Runner，請複製網頁說明欄指令。

Tip: 此部分含驗證用 Token，每一次設定皆不同，請務必複製正確的指令

```
# 建立 Runner 服務與進行設定
./config.cmd --url https://github.com/matsurigoto/GitHubActionDemo-
DotNETCore --token AB2H123FFQMXCD12345Q7V3CI7K3A
```

您需要輸入一些關於此 Runner 相關設定，包含

1. Runner Group：Runner 的集合，預設為 Default

2. Runner 名稱：預設使用伺服器名稱，建議給簡顯易懂的名稱，如 ASPDOTNET_Dev，即可清楚了解是專門執行 ASP.NET 應用程式相關工作的 Runner。

3. Label：每一個 Runners 可以擁有多個 Label。Workflow 透過指定 Label 方式，確認讓那些 Runner 執行 Job。預設會指定 selft-hosted、Windows 與 x64。

4. 工作資料夾：簽出程式、建置、測試…等步驟執行時的工作資料夾，建議使用預設

5. 是否註冊成服務：預設為 N，但建議選擇 Y。註冊服務的好處在於 Windows 服務自動啟動 Runner，以避免伺服器重啟或發生錯誤時需要每次手動啟用服務

6. 執行服務帳號：註冊成為 Windows 服務需要管理帳號，建議使用預設即可

完成安裝後，您可以開啟 Windows 服務確認 Runner 有註冊成服務，並正在執行。若 GitHub Action Runner 服務沒有正確執行，您可以右鍵點選該服務，選擇啟動。

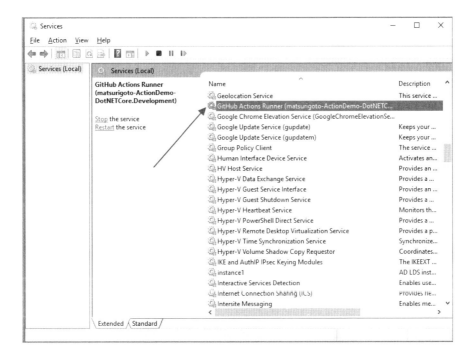

步驟 5. 回到 Repository Runners 設定畫面，約兩分鐘後即可看見 Runners。在條列頁上您可以檢視每一個 Runner 狀態與其 Label。

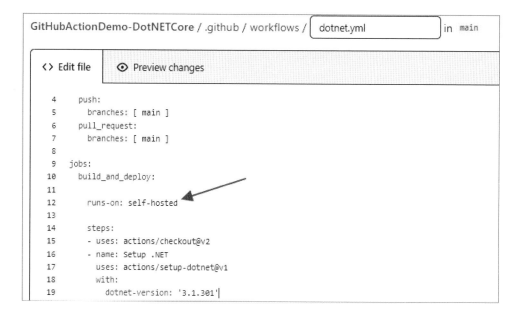

步驟 6. 若要 Workflow 要使用 Self-hosted runner 執行 Job，只需要在 runs-on: 加上 self-hosted Label 即可。設定方式如下圖：

Linux self-hosted runner

步驟 1. 在 Repository 上方功能列點選 Settings，於左邊側欄展開 Actions

後點選 Runners，點選右上方 New self-hosted runner 按鈕

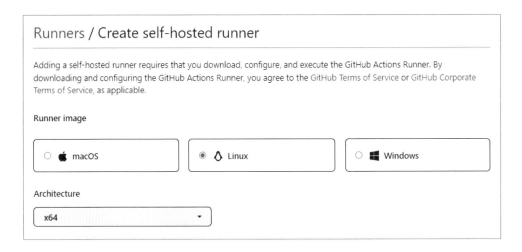

步驟 2. 選擇作業系統與架構。依據選擇不同，下方提供安裝與設定語法。多數情況下，您只需要複製語法，在終端機或命令列執行即可。

步驟 3. Linux 設定部分是以管理者權限，透過 shell 方式進行安裝。您可以依據網頁上提供的安裝步驟命令進行設定。開啟 Shell 並依序輸入下列指令：

```
# 建立資料夾與切換目錄
$ mkdir actions-runner && cd actions-runner

# 下載最新版本 Runner 壓縮檔案
$ curl -o actions-runner-linux-x64-2.289.1.tar.gz -L https://github.com/
actions/runner/releases/download/v2.289.1/actions-runner-linux-x64-
2.289.1.tar.gz

# 選擇性使用：驗證 hash
$ echo "d75a2b35c47df410bba1ede6196fc62b6063164f5d109bda1693641
bba87a65f  actions-runner-linux-x64-2.289.1.tar.gz" | shasum -a 256 -c

# 解壓縮檔案
$ tar xzf ./actions-runner-linux-x64-2.289.1.tar.gz
```

步驟 3.　接下來我們要設定 Runner，請複製網頁說明欄指令。

Tip:　此部分含驗證用 Token，每一次設定皆不同，請務必正確網頁上指令

```
# 建立 Runner 服務與進行設定

./config.sh --url https://github.com/matsurigoto/GitHubActionDemo-
DotNETCore --token AB2H1234Q6YFZMI2I123453CJAKFA
```

您需要輸入一些關於此 Runner 相關設定，包含

1. Runner Group：Runner 的集合，預設為 Default

2. Runner 名稱：預設使用伺服器名稱，建議給簡顯易懂的名稱，如 LinuxRunner，即可清楚此 Runner 執行在 Linux 上。

3. Label：每一個 Runners 可以擁有多個 Label。Workflow 透過指定 Label 方式，確認讓那些 Runner 執行 Job。預設會指定 selft-hosted、Linux 與 x64。

4. 工作資料夾：簽出程式、建置、測試…等步驟執行時的工作資料夾，建議使用預設

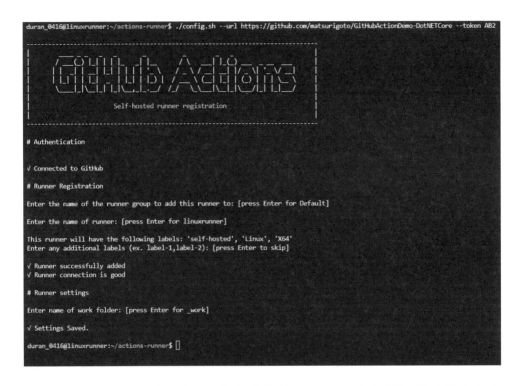

步驟 4. 接下來，我們要以服務方式啟動 Runner，確保伺服器重啟時會自動啟動 Runner。相關指令如下：

指令	說明
./svc.sh install	安裝服務
./svc.sh start	啟動服務
./svc.sh stop	停止服務
./svc.sh status	檢視目前服務狀態
./svc.sh uninstall	移除服務

輸入指令 ./svc.sh install 與 ./svc.sh start 後，回到 GitHub Repository Runner 管理頁面，您能看見 Linux Runner 已經上線。

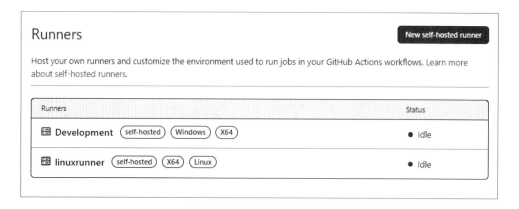

步驟 5. 若要 Workflow 要使用 Self-hosted runner 執行 Job，只需要在 runs-on: 加上 self-hosted Label 即可。設定方式如下圖：

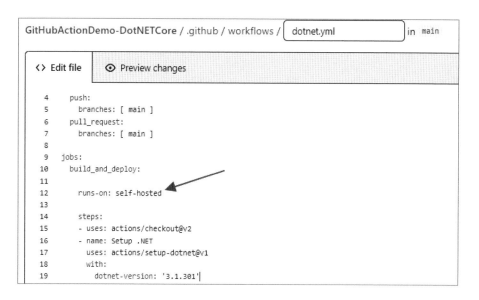

移除 Self-hosted Runner

移除 Runner 會從 Repository 進行完整的移除，如果需要再次使用必須重新執行安裝與設定流程。若只是暫時不使用 Runner，可以考慮關閉伺服器或停止服務。移除 Runner 的方式有兩種：

1. 強制從 GitHub 移除：若您沒有伺服器的存取權限，您可以從 GitHub Runner 介面上進行強制移除。此方式 Runner 應用程式仍會保留伺服器上。移除步驟如下：

在 Repository 上方功能列點選 Settings，於左邊側欄展開 Actions 後點選 Runners，選擇要移除的 Runner。

點選右上方 Remove 按鈕

輸入密碼進行確認。

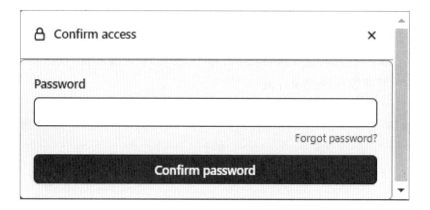

點選最下方 Force remove this runner，即完成工作。

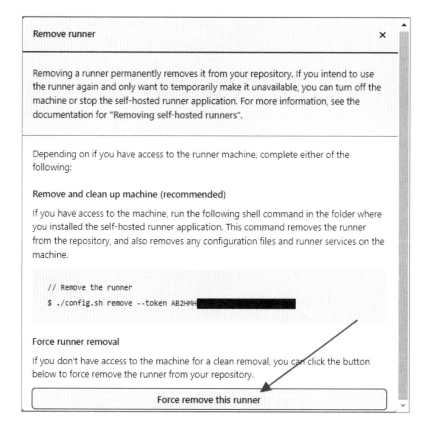

2. 從伺服器進行完整移除 (推薦)：若您有伺服器的存取權限，我們推薦
您使用此方式進行完整移除。移除步驟如下：

在 Repository 上方功能列點選 Settings，於左邊側欄展開 Actions 後點選
Runners，選擇要移除的 Runner。

點選右上方 Remove 按鈕

輸入密碼進行確認。

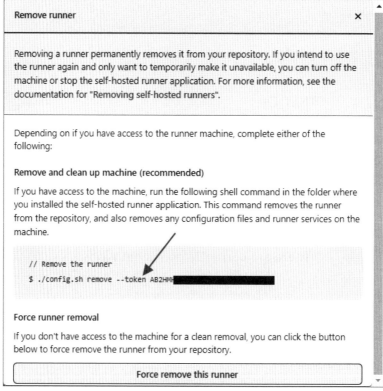

複製畫面上方移除指令

▲ Linux/MacOS 使用 config.sh 指令，Windows 使用 config.cmd 指令

以 Windows 作業系統為例,我們開啟 PowerShell 輸入移除指令,即可完整
從伺服器與 GitHub 上移除 Runner 服務。

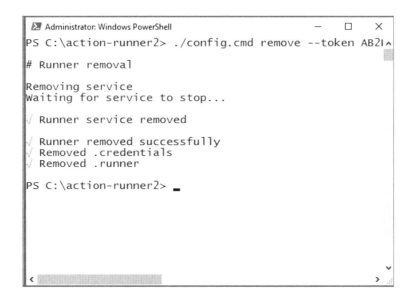

▶ 實作持續交付－將 ASP.NET 網頁應用程式部署至 IIS

本章節實作將透過 Build Runner (使用 GitHub 提供的 Runner) 與 Deploy
Runner (Self-hosted Runner) 架構實作 IIS 佈署。此種架構的優勢在於

1. Deploy Runner 安裝在 Web Server 主機上,除了可以使用較為簡單的方
   式執行佈署工作,也避免佈署時所需額外的權限設定。

2. Build Runner 使用 GitHub 提供 Runner,在 workflow 執行時安裝持續整
   合期間所需要的套件,可以降低伺服器上安裝並維護套件的人力成本。
   每一次建置時皆為乾淨的環境,降低管理複雜度。

3. Build 與 Deploy Runner 分離,避免持續整合繁複的工作影響主機效能。

4. 未來若有需要進行多伺服器佈署,保留擴充彈性。

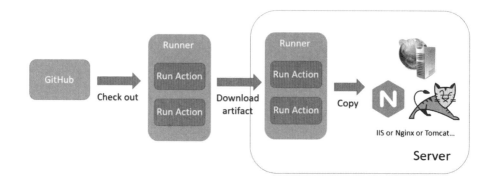

前置作業：

1. 伺服器上安裝 Internet Information Services (IIS)

2. 伺服器安裝 Runner (請參考「常見持續部署架構與自訂代理程式」內安裝自訂代理程式)

3. 若您的應用程式為 ASP.NET 網頁應用程式 (.NET Framework)，請安裝對應版本的 .NET Framework Runtime

4. 若您的應用程式為 ASP.NET Core 網頁應用程式，請安裝對應版本的 .NET Core Runtime (hosting bundle)

5. 建立網站 dotnetcore-webapp，操作步驟如下：

步驟 1. 　開啟 IIS 管理介面，右鍵點選網站，點選新增網站

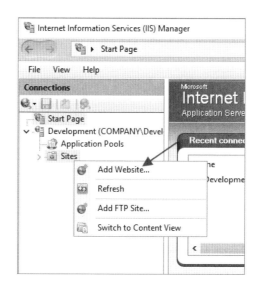

步驟 2. 若您的應用程式為 ASP.NET Core 網頁應用程式，則設定參考如下：

網站名稱 dotnetcore-webapp

實體路徑設定為 C:/inetpub/wwwroot/dotnetcore-webapp

Port 設定為 5999

若您的應用程式為 ASP.NET (.NET Framework) 網頁應用程式，則設定參考如下：

網站名稱 dotnet-webapp

實體路徑設定為 C:/inetpub/wwwroot/dotnet-webapp

Port 設定為 5998

6. 若您的應用程式為 ASP.NET Core 網頁應用程式，請另外確認 .NET CLR
   Version 設定 (若為 .NET Framework 請省略此步驟)。設定步驟如下：

步驟 1.　選擇應用程式集區 (Application Pool)，點選 dotnetcore-webapp，
　　　　　在右側動作選單中點選基本設定 (Basic Settings)

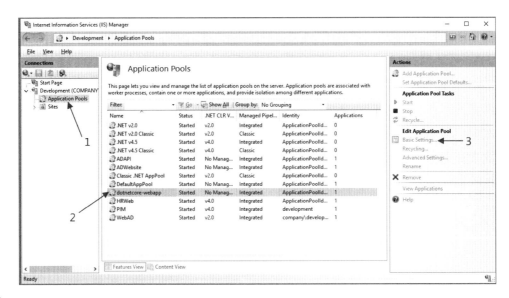

步驟 2. 在 .NET CLR Version 選擇 No Managed Code

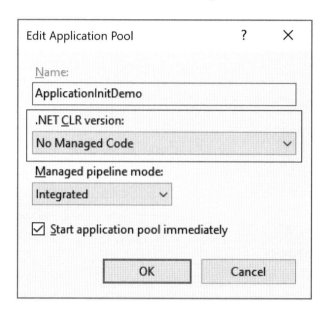

建立 Workflow

步驟 1. 開啟前置作業建立的 Repository，點選上方功能列點選 Actions，點選左方 New workflow 按鈕，開始建立持續整合流程。

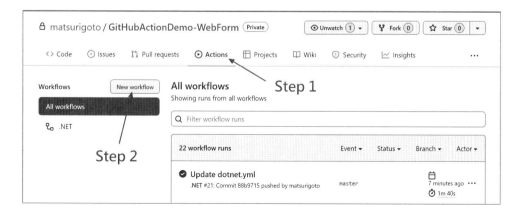

步驟 2. 我們不選擇 GitHub 建議的 Workflow，點選搜尋框上方 set up a workflow yourself 連結，我們將手動建立 Workflow。

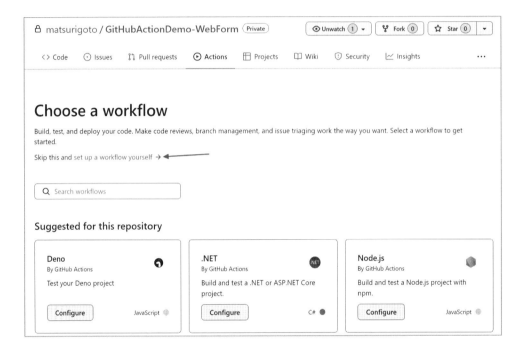

步驟 3. 刪除 Workflow 所有內容，依據不同的應用程式加入不同的 Workflow 語法。無論是 ASP.NET Core 應用程式或 ASP.NET 應用程式 (.NET Framework) workflow 與先前章節使用 workflow 差異在於：

1. 使用 self-hosted runner

2. 使用簡易 cmd 指令方式進行佈署，包含停止網站、複製成品至網站資料夾與啟動網站三個指令

Tip: 網站正常執行時無法直接覆蓋網站資料夾內容，若沒有將網站停止直接佈署，可能會發生檔案使用中而無法成功佈署的錯誤訊息

若 Repository 是 ASP.NET Core 應用程式，加入下列 Workflow 的語法：

```
name:  Build and deploy ASP.Net Core app to IIS - GitHubDemo

on:
  push:
    branches:
      - main
  workflow_dispatch:

jobs:
  build:
    runs-on: windows-latest

    steps:
    - uses: actions/checkout@v2

    - name: Set up .NET Core
      uses: actions/setup-dotnet@v1
      with:
        dotnet-version: '3.1.x'
        include-prerelease: true

    - name: Build with dotnet
      run: dotnet build --configuration Release

    - name: dotnet publish
      run: dotnet publish ActionDemo/ActionDemo.csproj -c Release -o ${{env.DOTNET_ROOT}}/myapp

    - name: Upload artifact for deployment job
      uses: actions/upload-artifact@v2
      with:
        name: .net-app
        path: ${{env.DOTNET_ROOT}}/myapp

  deploy:
    runs-on: self-hosted
    needs: build

    steps:
    - name: Download artifact from build job
      uses: actions/download-artifact@v2
      with:
        name: .net-app

    - name: Deploy to IIS
      shell: cmd
      run: |
        %windir%\system32\inetsrv\appcmd stop sites dotnetcore-webapp
        xcopy "." "C:/inetpub/wwwroot/dotnetcore-webapp" /s /e /y
        %windir%\system32\inetsrv\appcmd start sites dotnetcore-webapp
```

使用 self-hosted runner
執行 deploy job前先執行 build job

cmd 命令:
1. 停止網站
2. 將成品複製至網站資料夾
3. 啟動l網站

若 Repository 是 ASP.NET 應用程式 (.NET Framework)，加入下列 Workflow 的語法：

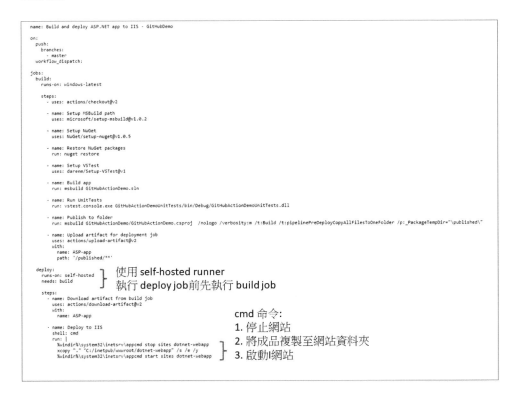

步驟 4. 修改完成後，修改檔案名稱並點選右上方 Start commit 按鈕進行提交。

步驟 5. 確認 workflow 執行成功。若您有伺服器存取權限，可以確認網站
資料夾是否有成品內容。

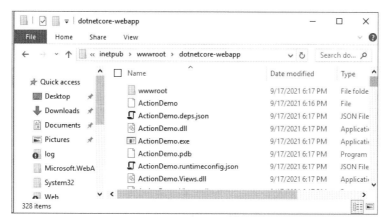

步驟 6. 開啟網頁，確定網站可以正常運作，完成佈署工作

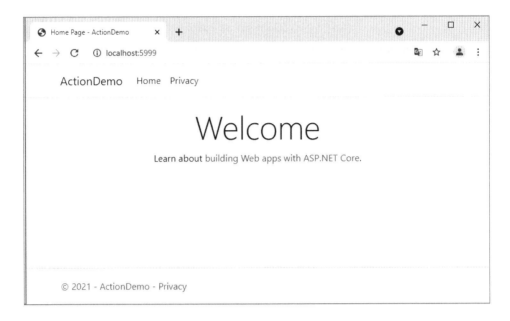

Chapter **6**

GitHub 安全管理

▶ 基本安全相關功能介紹

如果讀者曾有 CI/CD 工具使用經驗，可能會發現 GitHub 某些功能與市面上常見的產品不同。除了我們在「DevOps 流程參考實現」章節所提到的軟體開發流程外，GitHub 非常注重漏洞偵測、回報與修復，主動對於 Public repository 提供資安掃描服務，而非讓使用者以選擇性方式加入。主要最大的原因在於 GitHub 起源於開放原始碼專案與社群，若程式碼與相依套件有漏洞發生且被惡意開採，將對於許多企業與組織造成重大損失。在此章節，我們將逐一介紹 GitHub 四項基本安全功能，從漏洞回報、私下協作與提供安全修復、相依套件警告與自動更新到相依套件圖表，讓讀者完整了解 GitHub 安全管理機制。

Security Policy

Security Policy 提供一個聯繫管道讓外部使用者可以秘密回報安全漏洞，並提供資訊目前那些版本有安全支援。啟用 Security Policy 將會自動在 Repository 內加入 SECURITY.md，擁有者可以透過 SECURITY.md 提供聯繫與版本安全資訊。

在 Repository 功能列上方點選 Security 功能，於左方選單點選 Security Policy，點選畫面中間 Start setup 按鈕。

GitHub 會在 Repository 主要分支建立 SECURITY.md 檔案，並提供預設的範本給使用者參考。Repository 擁有者可以透過 SECURITY.md 檔案告知其他人如何回報弱點、多久可以得到回應與同意 / 拒絕接受弱點回報時，會怎樣的回覆，進而建立一個良性的安全漏洞回報平台。除此之外，您也能告知目前那些版本有支援安全性更新，建議使用者合適的版本。

完成編輯後，您可以在下方輸入標題與描述，提交 Security 檔案。一般來說，由於訪客進入 Repository 會直接看見 README，建議在 README.md 內加入 SECURITY.md 連結，讓訪客可以找到您的 Security Policy。

Security advisories

漏洞揭露與 Repository 維護人員之間的合作是非常重要的領域。從發現潛在安全漏洞開始，雙方必須合作進行修補、驗證與通知相關用戶，直至公開漏洞與對社群提供安全性更新。GitHub Security advisories 提供私下討論、修復與發佈有關 Repository 中安全漏洞資訊功能。任何對 Repository 具有管理者權限的成員皆可以建立 Security advisories，並加入相關協作人員一同處理安全漏洞。結合 Security Policy 功能提供安全漏洞指導，讓您的 Repository 有一個良好的資訊安全維護生態。

透過 Security advisories，您可以…

1. 建立 Security advisory 草稿，並透過此草案私下討論漏洞對專案的影響

2. 透過臨時 Private Fork Repository 功能，私下合作修復漏洞

3. 發佈安全性更新，並發佈 Security advisory 提醒社群注意該漏洞

在 Repository 功能列上方點選 Security 功能，於左方選單點選 Security Advisories，點選右上方 New draft security advisory 按鈕。

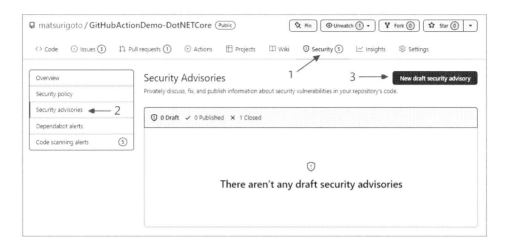

輸入生態系、套件名稱、影響版本、嚴重性、名稱、描述…等漏洞相關資訊，完成後點選下方 Create draft security advisory 按鈕建立草案。

您可以透過右邊協作者功能要加入相關協作人員進行討論，也可以透過下方 Start a temporary private fork 按鈕建立私有 Repository 進行安全修復工作。

一旦修復完成，您可以正式發佈 security advisory。

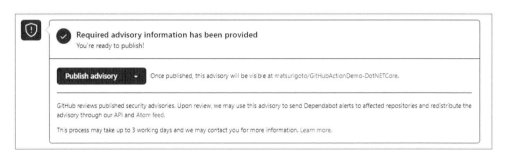

Dependabot alerts and security updates

除了自身程式碼可能產生漏洞外，程式碼所依賴的套件可能也會有漏洞。

當您的 Repository 內的程式碼使用有問題的套件時，可能會為您的專案帶來一系列的問題。GitHub 提供 Dependabot 功能掃描 Repository 內相依的套件，並且對於有問題相依套件提供安全性警告。此外，GitHub 也提供 security updates 功能，讓您可以輕鬆地修復這些相依套件：當 Repository 內相依的套件發出警告時，Dependabot 會自動嘗試修復它。

Tip: 預設情況下，Dependabot 只會通知受影響 Repository 中具有管理員權限的成員，GitHub 不會公開揭露任何 Repository 目前被識別的漏洞。

在 Repository 功能列上方點選 Setting 功能，於左方選單點選 security and analysis feature。啟用 Dependabot alerts 與 security updates 功能

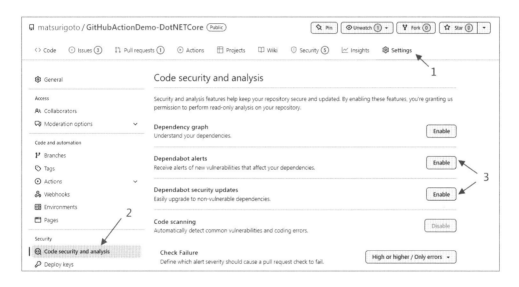

GitHub 會檢查 Public Repository 內容易受攻擊的相依套件並顯示在相依關係圖 (Dependency graph)，但預設不會產生 Dependabot alert。Repository 擁有者或具有管理者權限的成員可以為 Public Repository 啟用 Dependabot alert。Private Repository 則需要擁有者或具有管理者權限的成員啟用相依關係圖與 Dependabot alert。啟用 Dependabot alert 後，一旦 Repository 內相依套件有安全性漏洞，您會收到漏洞警告。

警告內除了詳細的漏洞報告與建議升級的版本，您能點選 Create Dependabot security updates 按鈕，讓 Dependabot 自動偵測是否有安全版本，協助您建立套件升級的 Pull Request。

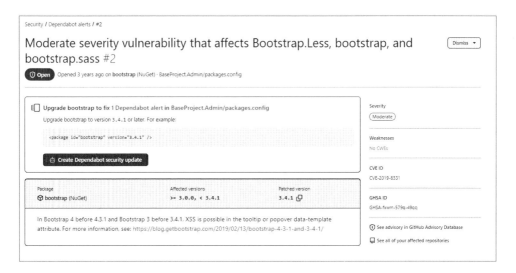

如同協作人員建立的 Pull Request，Dependabot 會詳細列出升級資訊與解決程式碼之間的衝突。您可以詳細審核 Dependabot 所提交的變更，確認無誤後進行合併。

Tip: 您能透過評論下指令，觸發 Dependabot 對此 Pull Request 進行多項操作。如：

@dependabot recreate：重新建立 Pull Request，並且覆寫之前做的任何編輯

@dependabot merge：持續整合流程通過後，Dependabot 進行合併動作

@dependabot cancel merge：取消前一個合併請求並阻止自動合併

您能在 Dependabot 建立的 Pull Request 內找到更多指令

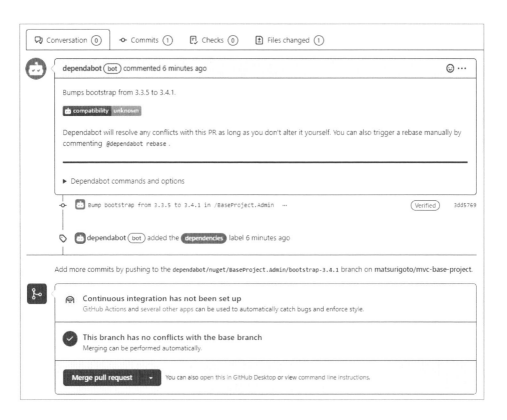

一旦完成合併工作，您能在 Pull Request 或 Dependabot alert 功能中確認該 Pull Request 已經關閉。

有別於 Dependabot alert 內手動方式更新套件，當您啟用 security updates 時，Dependabot 會檢查是否可以在不破壞 Repository 的相依關係圖的情況下，嘗試將易受攻擊的相依套件升級安全的版本。

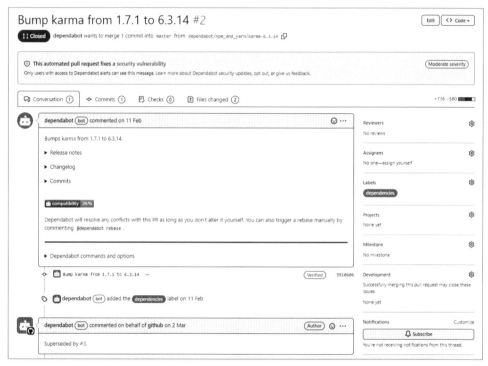

▲ Dependabot 自動修復相依套件

Dependency graph

Dependency graph 可以讓 Repository 擁有者檢視 Repository 內的生態系統。除了理解 Repository 使用了那些套件與其相依性,也能反向檢視那些外部的 Repository 或套件相依於您的 Repository。

在 Repository 功能列上方點選 Insight 功能,於左方選單點選 Dependency graph,即可檢視 Repository 內專案、YAML 檔案所使用的套件。

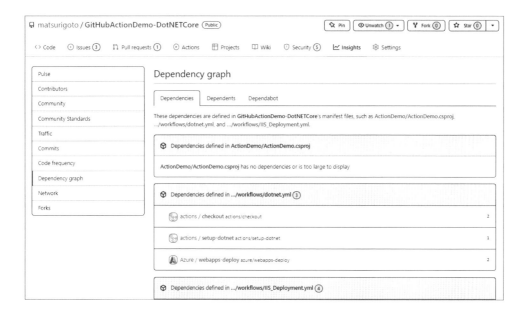

若相依套件中有漏洞，也會明確的在 Dependency graph 指出是哪一個專案中有引用。

在 Dependency graph 內另一個功能即是透過 Dependabot 自動更新相依套件至最新。點選上方 Dependabot 頁籤，點選中間 Create config file。

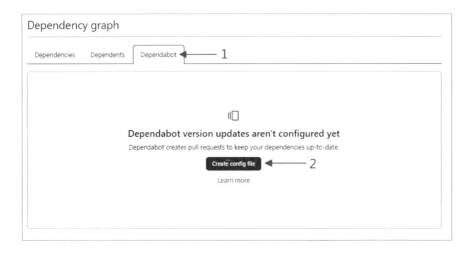

您可以輸入套件生態類型 (如 NuGet)、套件清單位置與更新頻率。GitHub
會在 Repository 內建立 Dependabot 設定檔案,並排程進行套件更新。

▶ 程式碼與秘密掃描

一般來說,許多軟體開發團隊常在交付前才開始進行漏洞掃描,因為多數
的管理人員認為開發階段導入資安規範與工具會大幅影響專案進度,造成
交付時程延宕。但實際上,在軟體開發生命週期內,越是接近交付前發現
安全漏洞並進行修復,其耗損的時間與人力成本比起開發期間高出許多,
也更容易造成交付時間壓力。更不用說因為時間壓力強迫上線的系統,如
果安全漏洞被有心人士利用,其損失更是難以估計。

倘若能在每一次提交時偵測出漏洞,讓開發人員了解漏洞資訊與如何正確
修復,進而為團隊建立安全開發規範,完整地從源頭避免漏洞發生,除了

可以即時避免資安問題發生，也能降低交付前集中弱點掃描與修復測試的時間與人力成本，這就是所謂的安全左移策略。在左移的過程中，我們可以在建置過程透過原始碼掃描發現程式碼漏洞，並且在佈署前進行多項自動化安全測試，預防執行階段可能的缺陷。最終將資安思維套用在整個軟體開發生命週期，將資安風險降至最低。

程式碼掃描

程式碼掃描是用於分析 Repository 內程式碼，進而找出安全漏洞與程式碼錯誤，並產生分析結果在 GitHub 內。您可以設定在 GitHub Action 持續整合工作流程內，避免開發人員提交程式碼引進新問題；您也可以設定排程或其他觸發條件進行掃描，確保每一階段程式碼皆符合規範。程式碼掃描一旦發現安全漏洞即會提出警告，直至修復問題為止。GitHub 提供 CodeQL (靜態程式碼分析引擎) 與其他第三方工具進行程式碼掃描。

Tip: Code Scanning 可以對任何 Public Repository 進行設定。若為 Private Repository，則需要啟用 GitHub Advanced Security (Enterprise 版本)

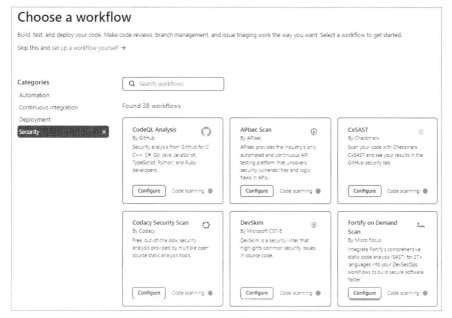

▲ 除了 CodeQL 分析，GitHub 也提供大量第三方掃描工具 workflow

在 Repository 功能列上方點選 Security 功能，於左方選單點選 Code Scanning Alerts，點選中間 Configure CodeQL alerts 按鈕。若您的團隊已經有習慣使用的第三方工具，您可以點選 Configure CodeQL alerts 按鈕下方 Config other scanning tools 連結進行設定。

GitHub 自動產生 CodeQL Workflow，其中比較重要的部分在於：

1. 給予權限：包含讀取 action、讀取 content 與寫入 security-event 權限

2. Strategy：設定 fail-fast(錯誤發生時立即停止) 與需要分析的程式語言，也是唯一要修改的部分

3. CodeQL action：github/codeql-action/init@2、github/codeql-action/autobuild@v2 與 github/codeql-action/analyze@v2

Tip: 若您對於 Workflow 不熟悉，可以參考「GitHub 持續整合與持續佈署」章節。

```
name: "CodeQL"

on:
  push:
    branches: [ master ]
  pull_request:
    branches: [ master ]
  schedule:
    - cron: '45 21 * * 1'          排程執行掃描

jobs:
  analyze:
    name: Analyze                   Job名稱:analyze
    runs-on: ubuntu-latest          執行在 ubuntu runner
    permissions:                    給予合適的權限
      actions: read
      contents: read
      security-events: write

    strategy:
      fail-fast: false              Fail-fast 發生錯誤即停止
      matrix:                       分析程式語言: C# 與 JavaScript
        language: [ 'csharp', 'javascript' ]

    steps:
    - name: Checkout repository     簽出程式
      uses: actions/checkout@v3

    - name: Initialize CodeQL       初始化 CodeQL
      uses: github/codeql-action/init@v2
      with:
        languages: ${{ matrix.language }}

    - name: Autobuild               自動建置與分析
      uses: github/codeql-action/autobuild@v2

    - name: Perform CodeQL Analysis
      uses: github/codeql-action/analyze@v2
```

點選右上角 Start Commit 按鈕，輸入標題與描述後，點選 Commit new file 即完成 Workflow 設定

GitHubActionDemo-WebForm / .github / workflows / codeql-analysis.yml in master   Cancel changes   Start commit ▾

在 Repository 功 能 列 上 方 點 選 Action 功 能， 於 左 方 點 選 CodeQL workflow，檢視執行狀態。

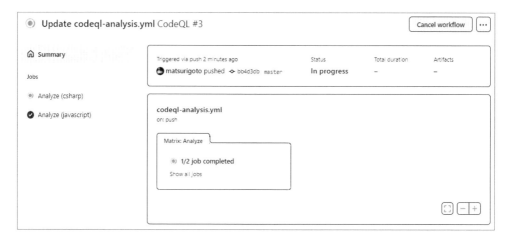

等待執行完成後，點選功能列 Security，回到 Code scanning alert 功能後即可檢視程式碼掃描結果。報告內會提供詳細的問題描述與程式碼位置，方便開發人員理解並進行修改。當問題修復後，警告訊息也會關閉。

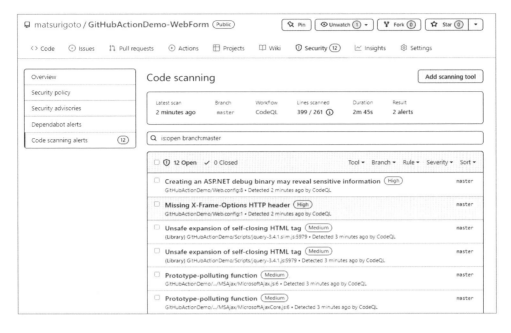

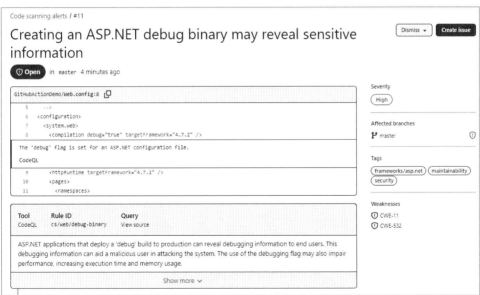

秘密掃描

版本管理最擔心的事情莫過於開發人員意外地將驗證授權資訊提交並推送 Repository，尤其是 Public Repository，所有人皆可以檢視其內容，甚至成為有心人士攻擊目標。此外，若後續補救措施處理不當，可能導致敏感資訊長期保存在歷史記錄內，成為漏洞開採對象，不得不謹慎。為了防止開發人員疏忽將敏感資料提交至 Repository，GitHub 與驗證授權服務提供廠商合作，提供 Secret Scanning 功能，即時掃描提交內的已知類型的秘密，並通知驗證授權提供廠商進行後續處理，避免遭到有心人士惡意使用。

Tip: Secret Scanning 強制對 Public Repository 進行啟用（不能關閉）；若為 Private Repository，則需要啟用 GitHub Advanced Security (Enterprise 版本)

Tip: 建議將秘密資訊放置於 GitHub Secret 管理，更多內容請參考「進階 YAML 技巧 - 環境變數 (Environment Variables) 與秘密 (Secrets)」章節

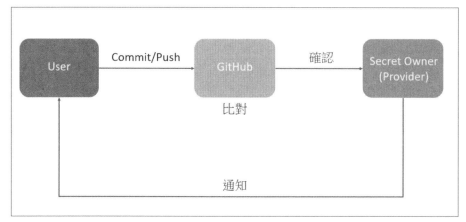

▲ Secret Scanning 運作模式

Secret Scanning 目前能掃描 Public Repository 內的 Secret 類型相當多，如 Adobe 的 Device Token、Azure DevOps 的 Personal Access Token、Databricks 的 Access Token 與 Google 的 API Key... 等。掃描比對符合這

些服務提供商的秘密格式，更多合作服務提供廠商資訊可以參考：https://
docs.github.com/en/code-security/secret-scanning/secret-scanning-patterns

Tip: 若您是驗證授權服務提供廠商，可以考慮加入 GitHub Secret scanning
partner program，透過秘密掃描來保護您的 Security Token 安全。

啟用 Secret Scanning 功能相當簡單：在 Repository 功能列上方點選 Settings
功能，於左方選單點選 Code security and analysis，找到 Secret scanning 功
能並點選 Enable 按鈕。

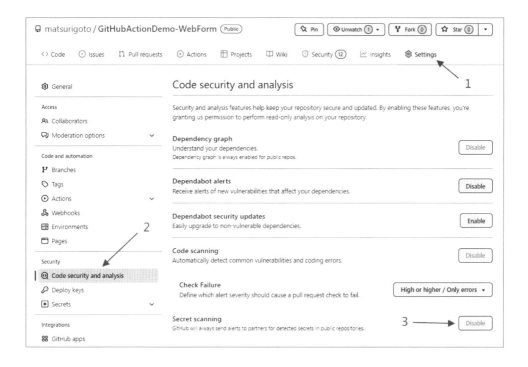

實際測試

注意：請勿嘗試下列操作行為，您不應該將秘密提交至 Public Repository

我們產生一組 GitHub Personal Access Token，並隨意加入到 Repository 某
個檔案內。提交並推送後沒多久，GitHub 隨即發信通知 Repository 擁有者，
建議應該撤銷既有 Personal Access Token 並重新產生，避免資訊外洩。

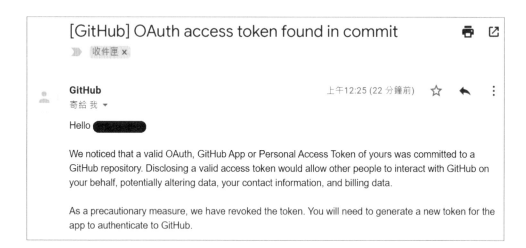

另一個測試案例，我們產生一組 Azure DevOps Personal Access Token 並隨意加入到 Repository 某個檔案內。提交並推送後沒多久，Azure DevOps 發送信件通知 Repository 擁有者。

雖然不建議將秘密提交至於 Repository，但是若有特別需求在 Private Repository 提交秘密，您可以手動加入排除掃描設定，讓 Secret Scanning 忽略特定檔案 (但仍建議放置於 GitHub Secret，以避免不必要的麻煩)。設定步驟如下：

步驟 1. 在 Repository .github 資料夾內建立新檔案

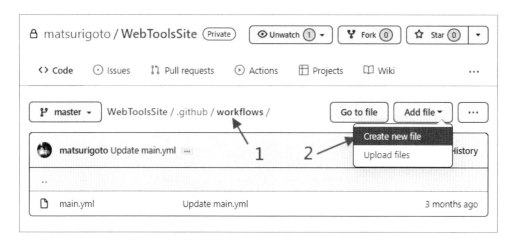

步驟 2. 檔案名稱為 secret_scanning.yml，加入 paths-ignore 並提供檔案路徑。如下圖範例，將會排除掃描 Config 資料夾底下，所以副檔名為 config 檔案。

▶ GitHub Action Security 最佳實踐

當您閱讀完「GitHub 持續整合與持續佈署」章節後，可能因為 GitHub Action 有大量現成 Action 可以使用而感到信心滿滿。但在這些免費自動化流程可能隱藏著某些威脅與漏洞，某些惡意提供者可能藉此竊取組織內重要資訊。本章節將提供一些 GitHub Action 使用上最佳實踐。

> *Tip:* 或許您認為顯示 Read Only 的驗證授權秘密或顯示 Workflow 執行日誌
> 影響不大,但實際上很多惡意攻擊行為是透過收集相關資訊,最後彙
> 整並找出可能弱點進行攻擊,而非直接的帳號密碼破解。透漏的資訊
> 越少,會更加安全。

1. 將秘密註冊至 Repository Secrets:

GitHub Secret 是加密的環境變數,只有具有權限的協作成員進行操作。管
理介面上無法明碼顯示秘密內容,若遺失只能進行移除或更新秘密。

撰寫 Workflow 期間是以變數方式進行操作,不會明碼撰寫至 workflow
內;Workflow 執行期間也不會以明碼顯示。此外,秘密不會因為 Fork
Repository 功能而洩漏。

2. 定時檢視與更新 Secrets:

維持沒有使用即移除 Secrets 的習慣,只維持必要秘密。此外,也建議縮短
Secret Token 到期時間,定期更新秘密有助於提高安全性。

New personal access token

Personal access tokens function like ordinary OAuth access tokens. They can be used instead of a password for Git over HTTPS, or can be used to authenticate to the API over Basic Authentication.

Note

What's this token for?

Expiration *

| 60 days ⇕ | The token will expire on Sat, Jun 4 2022 |

3. 檢視 Action 相關資訊：

雖然 GitHub Marketplace 提供大量第三方製作的 Action 可以使用，但我們通常建議先檢視該 Action 相關資訊，再決定是否使用。經常考慮的要素如下：

1. 檢視 Action 是否為**知名企業或組織**（如 GitHub、Microsoft、AWS、Google…）所提供。

許多科技公司為了與 GitHub 高度整合，會提供 Action 以方便使用者介接。這類型的 Action 通常需要額外授權驗證機制才得以使用，其安全性較高。

2. 確認 Action 是否為**已驗證創作者**提供。

發佈者驗證可以確保 GitHub 可以聯繫的上創作者，經過多個審核程序的 Action 其安全性較高

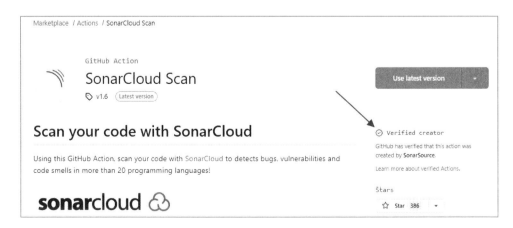

3. 啟用只允許使用 GitHub 與已驗證創作者建立的 Action。

在 Repository 功能列點選 Settings，展開左方選單中 Action 功能，點選 General。在 Actions Permission 中選擇 Allow Allow[user], and select non-[user], actions and reusable workflows，並勾選 Allow actions created by GitHub 與 Allow actions by Marketplace verified creators 兩個選項。

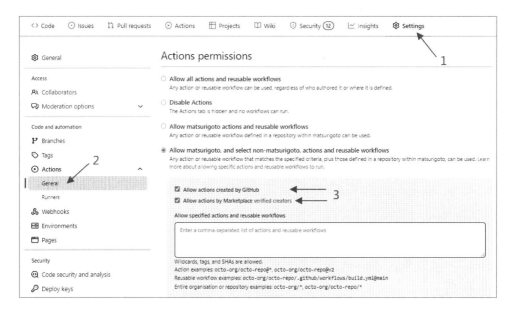

4. 限制使用特定 Action。

同第 3 點，若經由團隊審核並且信任的 Action 或 Workflow，您可以在 Actions Permission 功能內加入允許清單，確保使用安全的 Action 或 Workflow 進行自動化流程。

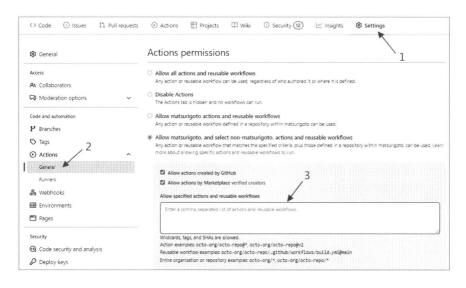

5. 審核 Action 說明內容、評價與程式碼

在 Action 介紹頁面中,會有詳細的使用方式、評價 (Star) 與原始碼連結。
一般來說,越詳細的說明內容與高評價其可信度越高,但最嚴謹的方式莫
過於檢視 Action 原始程式,確保每一個步驟皆沒有額外的行為 (如輸出
Secret),這是個人覺得最實用但也最耗時的方法。

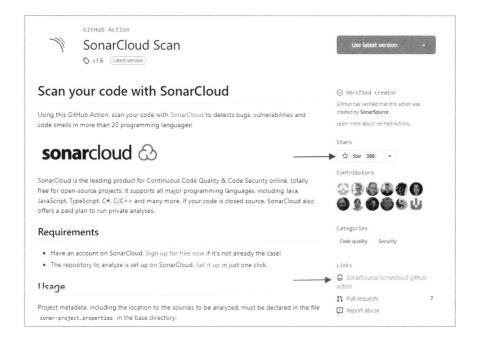

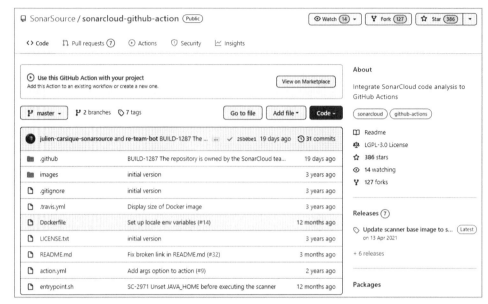

▲ 審核 action 執行內容

4. 使用固定版本的 Action

創作者會持續更新並發佈新的 Action。使用固定版本可以確保 Action 執行內容一致，避免因為新版本不同的行為造成 workflow 失敗的情況發生。

▲ Action 使用 v2 版本

5. 經常檢視 Workflow 執行紀錄。

確保 Action 執行正確的步驟，沒有執行多餘的行為。

6. 只在 Private repository 使用 Self-hosted runners。

當您 Fork Repository 進行修改與執行 GitHub Action 時需要特別注意：Public Repository 可能會取得 Self-hosted runners 資訊或執行額外行為 (如：下載惡意程式)，讓您的伺服器處於威脅之中。

▶ Commit signature verification - 確定每次變更來源是可以信任的

GnuPG (簡稱 GPG)，是一種允許作者對資料與通信進行加密與簽章的軟體。您可以使用 GPG 在每一次提交時使用私鑰進行簽章。當您完成工作並推送至 Repository 時，GitHub 會透過公開金鑰進行驗證，確認變更的來源是正確的，讓所有人了解這次的變更來自可信任的作者。本章節將簡單介紹如何透過 GPG 設定提交簽章與 GitHub 設定簽章驗證，流程可分為**產生 GPG Key pair**、**上傳 public key 至 GitHub** 與**設定提交簽章**三個部分。

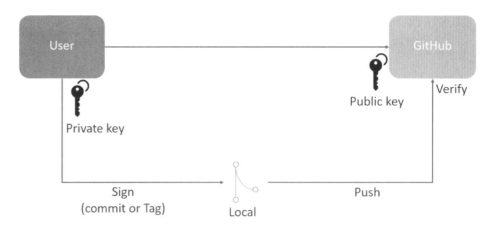

▲ 透過 GPG 可以確保提交來源

產生 GPG Key pair

前置作業：安裝 Git (若您尚未安裝，請參考第二章節「Git 基礎入門」)

步驟 1.　點選開始，輸入 Git Bash，開啟 Git Bash

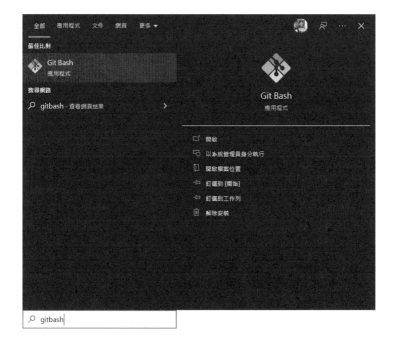

步驟 2. 輸入指令 gpg --full-generate-key 開始產生金鑰配對，依序輸入相
關設定

選項 1: 1 (使用 RSA and RSA)

選項 2: 4096

選項 3: 直接 Enter (使用預設 0)

選項 4: Y

步驟 3. 輸入您的 GitHub ID、信箱位址與 Comment(可以不填)。輸入 O
表示完成。

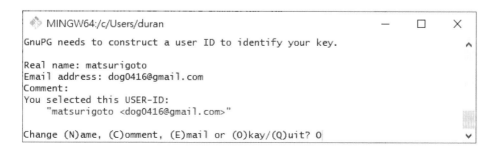

步驟 4. 為您的金鑰輸入密碼、確認密碼 (輸入兩次)

步驟 5. 輸入指令 gpg --list-keys --keyid-format LONG，列出安裝於本機的金鑰組合。複製 sub 內 rsa4096/ 後文字內容。

步驟 6. 輸入指令 gpg --armor --export [前一個步驟複製內容] | clip，即會輸出公開金鑰。我們複製公開金鑰準備上傳至 GitHub

(從 -----BEGIN PGP PUBLIC KEY BLOCK-----

至 -----END PGP PUBLIC KEY BLOCK----- 全選複製)

上傳 public key 至 GitHub

步驟 1. 點選右上角個人頭像，點選 Settings

步驟 2. 於左邊側欄選擇 SSH and GPG keys，點選 GPG Keys 區塊右方點選 New GPG Key 按鈕。

步驟 3. 貼上公開金鑰後，點選下方 Add GPG Key 按鈕，即完成上傳公開金鑰至 GitHub 工作。

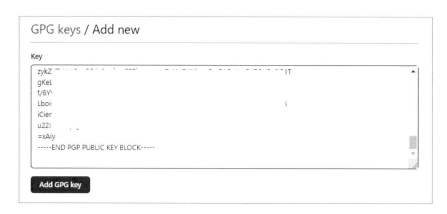

設定提交簽章

步驟 1. 在您工作電腦開啟命令提字元，並切換至專案目錄下

步驟 2. 輸入指令 gpg --list-keys --keyid-format LONG，列出安裝於本機的金鑰組合。複製 sub 內 rsa4096/ 後文字內容。

步驟 **3.**　輸入下列指令設定簽章金鑰

git config user.signingkey [前一個步驟複製內容]

步驟 **4.**　輸入下列指令設定 gpg 簽章

git config commit.gpgsign true

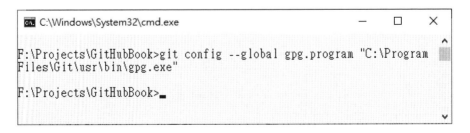

步驟 **5.**　接下來設定 gpg 位置，輸入下列指令

git config --global gpg.program "C:\Program Files\Git\usr\bin\gpg.exe"

步驟 6. 完成前兩個步驟後，您在此專案提交時即會加入簽章。推送至 Repository 時，GitHub 會進一步驗證簽章。

▲ 使用 tortoisegit 進行提交，您可以使用習慣的工具進行提交與推送

步驟 7. 使用 GPG 後第一次提交需要輸入金鑰密碼

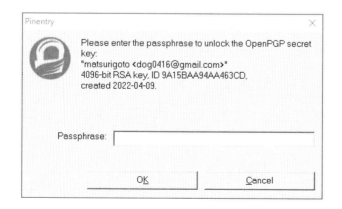

步驟 8. 回到 Repository，點選右上方 commits 連結，檢視提交紀錄

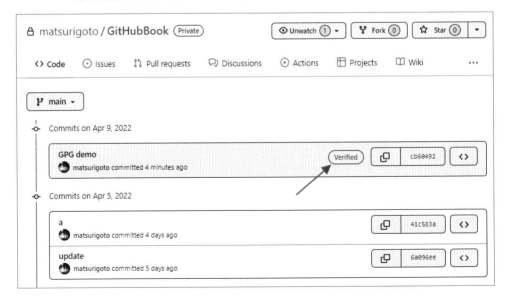

步驟 9. 您可以發現從這次的提交開始，已經出現已驗證 (Verified) 文字，確定提交來源為由您這邊所提交的。

Chapter **7**

GitHub 多元應用

▶ 靜態網頁服務 - GitHub Page

GitHub Page 是一個靜態網站託管服務，它可以直接從 Repository 取得靜態網頁所需要的 HTML、CSS 與 JavaScripts 文件，並使用 GitHub.io 網域發佈網站。許多人喜歡使用 GitHub Page 建立個人部落格網站或作為 Repository 的官方網站。GitHub Page 可以分成三種類型，分別為專案 (Project)、使用者 (User) 與組織 (Organization)，其預設的網址也不盡相同。

類型	預設網址格式	備註
User	https://\<username\>.github.io	
Project	https://\<username\>.github.io/\<repository\>	
Organization	http://\<organization\>.github.io/\<repository \>	可透過設定禁止建立 GitHub Page

Tip: 您只能為 GitHub 上的每一個帳戶創建一個使用者或組織網站。專案網站無論是由組織還是用戶帳戶擁有，是不受限制的

GitHub Page 不允許也不建議使用於線上業務、電子商務網站等商業行為，也不應該用於發送密碼或信用卡號等敏感交易。理所當然，GitHub 也嚴格禁止使用於快速致富、色情內容、暴力或威脅性內容與活動。雖然 GitHub Page 不需要費用，但有以下使用限制：

- GitHub Pages 來源儲存庫的建議容量限制為 1 GB
- 已發布的 GitHub Pages 站點不得超過 1 GB
- GitHub Pages 的頻寬限制為每月 100 GB
- GitHub Pages 的限制每小時 10 次建置

頻寬限制與建置並非硬性，但如果您的網站超出這些配額，您會收到來自 GitHub 信件，建議變更網站經營策略，以減少對 GitHub 伺服器影響 (如建立 CDN 或轉移至不同託管服務。

使用者類型 GitHub Page

步驟 1. 於 GitHub 網站點選右上方 + 按鈕，點選 New Repository

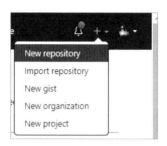

步驟 2. 有別於一般建立 Repository，我們輸入 Repository Name [使用者名稱].github.io。如下圖所示，我的使用者名稱為 matsurigoto，其 Repository Name 為 duranhsieh.github.io。

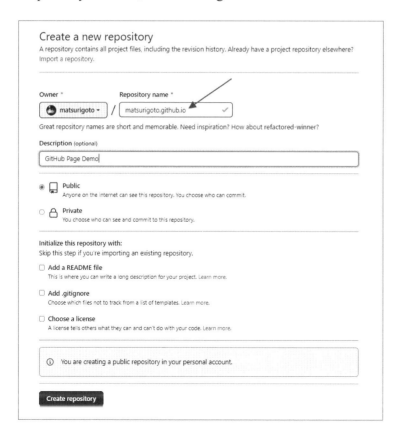

步驟 3. 我們將使用 Jekyll (靜態網站生成器) 的樣版快速套用網站外觀。
在 Repository 上方功能列點選 Setting，於左邊側欄選擇 Page，點
選中間 Choose a theme 按鈕，作為為您的網站選擇樣版。

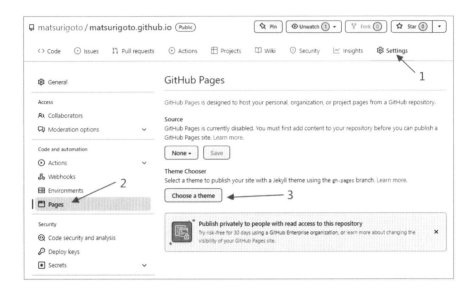

步驟 4. 您能檢視每一種樣版呈現方式，挑選一個喜愛的，點選右邊 Select
theme 按鈕

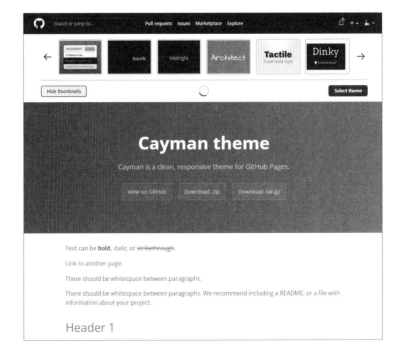

步驟 5. GitHub 將會自動產生 index.md 檔案,內有基本語法教學。點選下方 Commit 按鈕進行提交。

Tip: 當您每次提交至 Repository,GitHub 會執行 Jekyll 將 Markdown 內容重新建置為靜態網頁,並進行發佈

步驟 6. 約 3 分鐘後,輸入網址 [使用者名稱].github.io,即可看見網站已經正常運作

步驟 7.　若您要變更網站標題與描述，可以在 repository 內找到 _config.yml
　　　　　檔案。

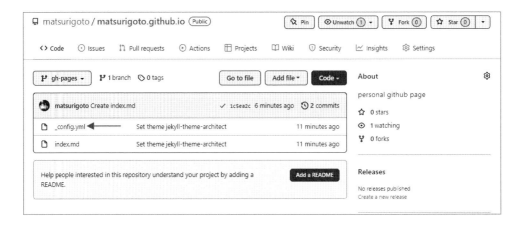

步驟 8. 點選編輯按鈕

步驟 9. 依據您的需求，加入 title 與 description 設定並進行提交。

title: duran hsieh 的網站

description: GitHub Page Demo

開啟網站，右鍵點選檢視原始碼。您可以看見 title 與 description 已經更改。

```
自動換行 □
 1  <!DOCTYPE html>
 2  <html lang="en-US">
 3    <head>
 4      <meta charset='utf-8'>
 5      <meta http-equiv="X-UA-Compatible" content="IE=edge">
 6      <meta name="viewport" content="width=device-width, initial-scale=1, maximum-scale=1">
 7      <link rel="stylesheet" href="/assets/css/style.css?v=d4067fcd5bde97d8036e49d937d39f58e45654b1" media="screen" type="text/css">
 8      <link rel="stylesheet" href="/assets/css/print.css" media="print" type="text/css">
 9
10      <!--[if lt IE 9]>
11      <script src="https://oss.maxcdn.com/html5shiv/3.7.3/html5shiv.min.js"></script>
12      <![endif]-->
13
14  <!-- Begin Jekyll SEO tag v2.8.0 -->
15  <title>Welcome to GitHub Pages | duran hsieh 的個人網站</title> ←————————
16  <meta name="generator" content="Jekyll v3.9.0" />
17  <meta property="og:title" content="Welcome to GitHub Pages" />
18  <meta property="og:locale" content="en_US" />
19  <meta name="description" content="GitHub Page Demo" /> ←————————
20  <meta property="og:description" content="GitHub Page Demo" />
21  <link rel="canonical" href="https://matsurigoto.github.io/" />
22  <meta property="og:url" content="https://matsurigoto.github.io/" />
23  <meta property="og:site_name" content="duran hsieh 的個人網站" />
24  <meta property="og:type" content="website" />
25  <meta name="twitter:card" content="summary" />
26  <meta property="twitter:title" content="Welcome to GitHub Pages" />
27  <script type="application/ld+json">
```

Tip: 您可以檢視 Actions，啟用 GitHub Page 會預設建立一個不能變更的 workflow。靜態網站的轉換與發佈即是透過此 workflow 進行。

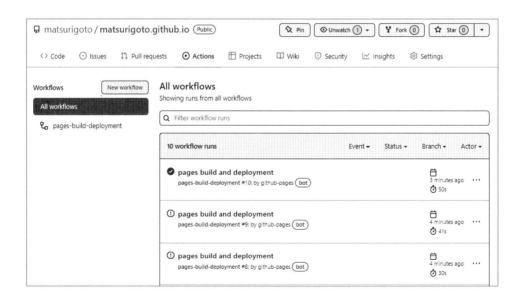

專案類型 GitHub Page

若您想要在既有的 Repository 建立 GitHub Page，您可以在 Repository 上方
功能列點選 Setting，於左邊側欄選擇 Page。在 Source 區塊，您可以選擇來
源檔案的分支與資料夾後，點選 Save 啟用 GitHub Page。

雖然網站已經成功發佈，但因為在分支內沒有 docs 資料夾，所以會發生錯
誤。您可以在 Repository 功能列上點選 Code，點選上方 Add file 按鈕，選
擇 Create new file。

於上方檔案名稱輸入 docs/index.md（將自動建立 docs 資料夾），於
index.md 中以 markdown 進行編輯，完成後點選下方commit 按鈕進行提交。

約 3 分鐘後，開啟瀏覽器，輸入網址

https://[使用者名稱].github.io/[Rpository 名稱]/，即可看見網站正常運作

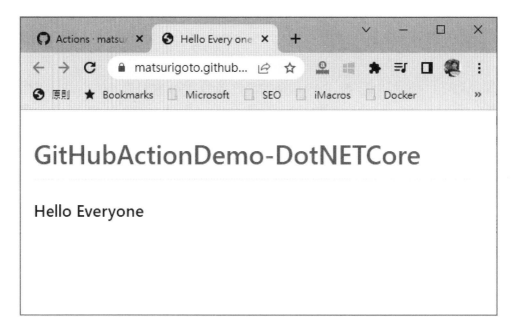

理所當然，您也可以透過 Jekyll theme 來美化您的網站。您可以在 Repository 上方功能列點選 Setting，於左邊側欄選擇 Page。在 Source 區塊 選擇樣版並套用即可。

GitHub Pages

GitHub Pages is designed to host your personal, organization, or project pages from a GitHub repository.

ⓘ   Your site is ready to be published at https://matsurigoto.github.io/GitHubActionDemo-DotNETCore/

Source
Your GitHub Pages site is currently being built from the /docs folder in the main branch. Learn more.

| ⑂ Branch: main ▾ | | 📁 /docs ▾ | | Save |

Theme Chooser
Select a theme to publish your site with a Jekyll theme. Learn more.

| Choose a theme | ◀——————

Custom domain
Custom domains allow you to serve your site from a domain other than matsurigoto.github.io. Learn more.

| | | Save | | Remove |

▲ 套用 Jekyll Theme 除了讓網頁美觀，也能節省人工套版時間

▲ 套用 Jekyll Theme 效果

▶ 整潔的程式碼區塊 - GitHub Gists

GitHub Gists 為 GitHub 所提供一項程式碼片段服務，您可以分享程式碼給其他人或在網站上嵌入它。若您喜歡 GitHub Repository 內的程式碼的呈現方式，那絕對不能錯過 Gists 這項服務服務。

```
1   using var playwright = await Playwright.CreateAsync();
2   await using var browser = await playwright.Chromium.LaunchAsync(new BrowserTypeLaunchOptions
3   {
4       Headless = false,
5       Channel = "msedge",
6   });
7   var context = await browser.NewContextAsync();
8
9   var page = await context.NewPageAsync();
```
Test.cs hosted with ♥ by GitHub   view raw

▲ GitHub Gists 嵌入網頁呈現效果

Gist 會以單頁或區塊方式呈現程式碼內容，也會偵測您的副檔名，展現出不同程式碼語法突顯效果 (syntax highlight)，如同在編輯工具一樣，大幅提升可讀性。

▲ GitHub Gists 依據副檔名產生語法突顯效果

Gist 本身即為一個 Repository，可以進行 Fork 與 clone。當您登入 GitHub 帳號並建立 Gist，Gist 會將內容與您的帳號做連結。您可以在 GitHub 網站上點選右上角頭像，點選 Your Gists 前往與您有關的 Gist。您也能在瀏覽器上直接輸入 https://gist.github.com，前往 GitHub Gists。

Gist 可以分為 Public 與 Secret 兩種類型。顧名思義，Public Gists 可以被任何人檢視與搜尋；Secret 類型的 Gist 不能被搜尋，但你可以將連結發給朋友，朋友們可以透過連結看見內容 (這也意味有連結的人即可看見內容)，若有需要更隱密，您會需要建立一個 Private Repository。

Tip: 建立 Gist 後，無法將 Public 轉為 Secret。

建立 Gists

步驟 1. 在 GitHub 網站點選右上角 + 按鈕，點選 New Gist

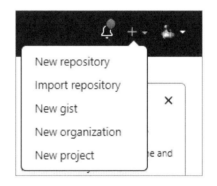

步驟 2. 從上至下，依序可以描述、檔案名稱與內容。完成後，右下角按鈕可以選擇以 Public 或 Secret 方式建立 Gist。

除了程式碼語法突顯效果，若您的 Gist 為 markdown (副檔名為 .md)，在檢視時會以網頁方式呈現。

Gist 本質上也是使用 Git 進行版本管理，您可以檢視修改紀錄

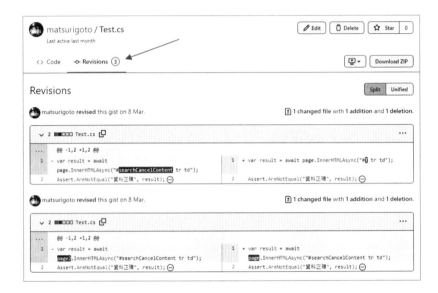

就像 GitHub 瀏覽 Public Repository 一樣，您能給予評價、進行 Fork、下載 Gist 與評論。

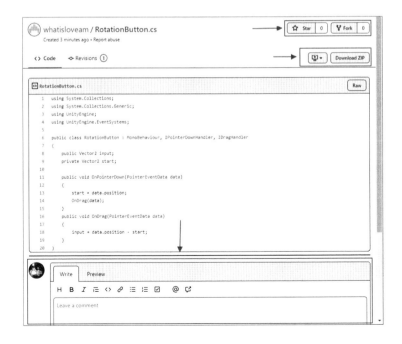

若您要分享 Gist，您可以點選中間上方 Embed 下拉選單，選擇您要分享的方式。若想要將 Gist 嵌入至網站內，選取 Embed 並複製語法，放入網頁 Html 內即可。

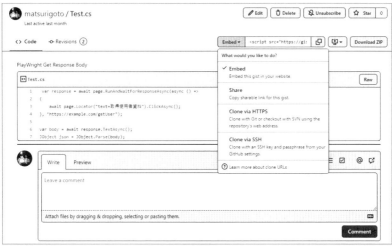

▲ 網頁嵌入 Gist 呈現效果

Gists 是一個輕量的程式碼片段服務，您可以透過它分享或嵌入程式碼。有別於 GitHub Repository 整合許多複雜的功能，Gists 更適用於專案初期討論或與團隊分享想法。許多技術部落格也常常使用 Gists 作為程式碼呈現工具，透過語法突顯效果，讓技術讀者可以快速理解程式碼內容。如此方便的功能，您一定要試試看！

▶ 完美的個人履歷 - 透過 README.md 建立個人儀錶板

GitHub 個人資料可以視為一份完美履歷，您除了可以在 GitHub 呈現自豪的作品，透過您在 GitHub 上的活動紀錄 (包含提交、建立 Pull Request、提出 Issue…等) 充分呈現身為技術人員的專業。但對於非技術人員來說，很難透過一般 GitHub 使用者資料理解您的專業。

▲ 一般 GitHub 個人頁面

GitHub 有一個特別的隱藏功能，透過自己設計 README.md 檔案，在 GitHub 個人頁面頂部區塊顯示客製的個人資訊。您能完全控制在 GitHub 上如何展現自己，讓訪客從能在您的個人頁面中，發現有趣或實用的訊息。下列是常見個人資料呈現方式：

1. 更多關於個人資訊，包含工作描述與興趣

2. 結合徽章 (badge)，呈現更多資訊與量化資料

3. 您引以為豪的貢獻與其內容描述

4. 個人所屬社群的介紹與活動資訊

設置專屬的 Profile README

步驟 1. GitHub 網站點選右上角 + 按鈕，點選 New repository。

步驟 2. Repository Name 輸入自己的使用者名稱，選擇 Public 類型，並勾選 Add a README file。完成後點選下方 Create repository 按鈕。

▲ Repository Name 與使用者名稱相同時，會出現提示訊息

步驟 3.　Repository 建立完成後，可以看見含有 Hi there 的 README.md。這個 README 也會顯示在個人資料最上方。

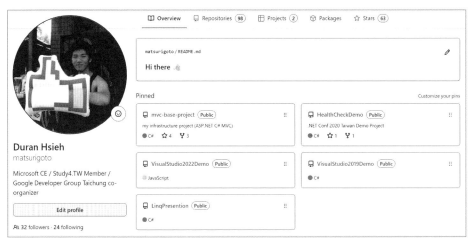

▲ 建立與自己帳號相同的 Repository，其 README 會顯示在個人資料上方

步驟 4.　接下來，您可以使用 markdown 語法編輯此 README。您能加入任何內容包含圖片、Gif 與統計資料，讓您的個人資料看起來更有趣。我們可以加入「豐富您的專案介紹 - GitHub shields」章節提到的徽章，加入 GitHub Follower 與 YouTube 頻道訂閱人數，讓您的個人資料更加豐富。

開啟瀏覽器，輸入 https://shields.io/ 前往 shields.io 網站，點選 Social 連結

點選 GitHub followers

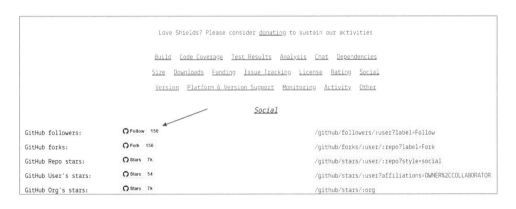

輸入 GitHub 使用者名稱，點選下方 Copy Badge URL，選擇 Copy Markdown 或 Copy HTML。

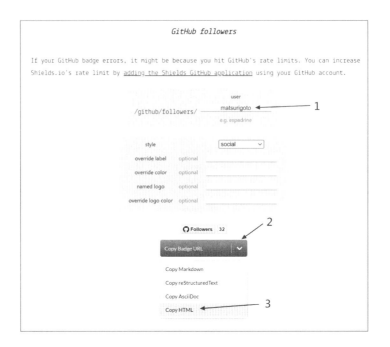

回到 README，貼上上一個步驟複製的語法。提交後即可看見個人資料上出現 GitHub 追蹤人數徽章。

加入 YouTube 頻道訂閱人數也相當簡單，一樣 shields.io 網站 Social 類別下，點選 YouTube 訂閱人數。

輸入 YouTube 頻道名稱，點選下方 Copy Badge URL，選擇 Copy Markdown
或 Copy HTML。

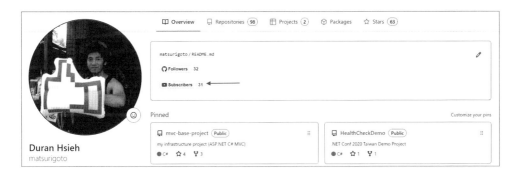

回到 README，加入一個步驟複製的語法。提交後即可看見個人資料上出
現 YouTube 訂閱人數徽章。

如果您對於如何設計自己的個人資料完全沒有想法，您可以在 GitHub 上搜
尋 abhisheknaiidu/awesome-github-profile-readme Repository，這裡蒐集了許
多讓人眼睛為之一亮的個人資料 README。

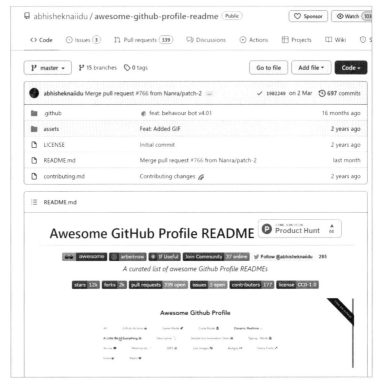

▲ awesome-github-profile-readme 收集不少讓人驚嘆的個人資料 README

其中比較有趣的幾個包含：timburgan 的個人資訊可以下西洋棋

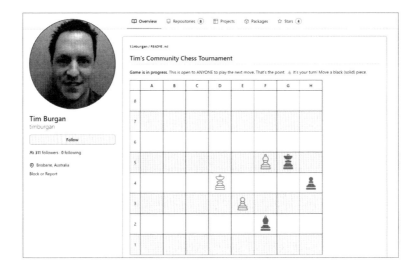

Raymo111 以 gif 動畫效果呈現個人資訊

feschenko 以統計方式呈現個人資訊

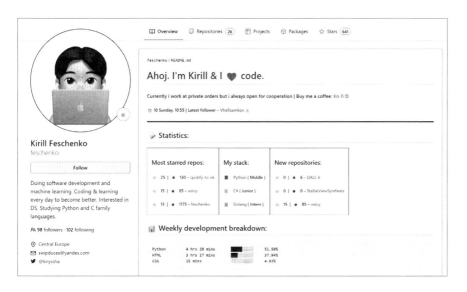

此外，若您對於 markdown 語法不熟悉，GitHub Profile README Generator 網站 (https://rahuldkjain.github.io/gh-profile-readme-generator/) 提供自動化產生 README 功能，只需填寫個人資料、勾選技能，即會幫您產生生動的個人資料 README。

m↓G

GitHub Profile README Generator

☆ Star this repo 9237　　Ỿ Fork on GitHub 2097

Title

Hi 🙋, I'm　　　Duran Hsieh

Subtitle

A Customer Engineer from Taiwan

Work

🕐 I'm currently working on　　　　project name　　　　project link

👬 I'm looking to collaborate on　　　project name　　　　project link

💬 I'm looking for help with　　　　project name　　　　project link

🌱 I'm currently learning　　　　　Frameworks, courses etc.

　Ask me about　　　　　　　　　react, vue and gsap

📫 How to reach me　　　　　　　dog0416@gmail.com

▲ 輸入相關資訊，輕鬆產生生動的個人資訊 README

m↓G

GitHub Profile README Generator

☆ Star this repo 9237　　Ỿ Fork on GitHub 2097

←back to edit　　✓copied　　↓ download markdown　　🖹 download backup　　⊙ preview

```
<h1 align="center">Hi 🙋, I'm Duran Hsieh</h1>
<h3 align="center">A Customer Engineer from Taiwan</h3>

<p align="left"> <img src="https://komarev.com/ghpvc/?
username=matsurigoto&label=Profile%20views&color=0e75b6&style=flat" alt="matsurigoto" /> </p>

<p align="left"> <a href="https://github.com/ryo-ma/github-profile-trophy"><img src="https://github-profile-
trophy.vercel.app/?username=matsurigoto" alt="matsurigoto" /></a> </p>

<p align="left"> <a href="https://twitter.com/duranalfine" target="blank"><img
src="https://img.shields.io/twitter/follow/duranalfine?logo=twitter&style=for-the-badge" alt="duranalfine"
/></a> </p>

- 📝 I regularly write articles on [https://dog0416.blogspot.com/](https://dog0416.blogspot.com/)

- 📫 How to reach me **dog0416@gmail.com**

<h3 align="left">Connect with me:</h3>
<p align="left">
<a href="https://twitter.com/duranalfine" target="blank"><img align="center"
src="https://raw.githubusercontent.com/rahuldkjain/github-profile-readme-
generator/master/src/images/icons/Social/twitter.svg" alt="duranalfine" height="30" width="40" /></a>
<a href="https://linkedin.com/in/duran-hsieh-4b65a688" target="blank"><img align="center"
src="https://raw.githubusercontent.com/rahuldkjain/github-profile-readme-
generator/master/src/images/icons/Social/linked-in-alt.svg" alt="duran-hsieh-4b65a688" height="30"
```

▲ 自動產生 HTML 與 Markdown 語法

透過自動產生的語法，加入想要展示的徽章，再修改一下介面，您也可以產生專屬的個人資料 README。

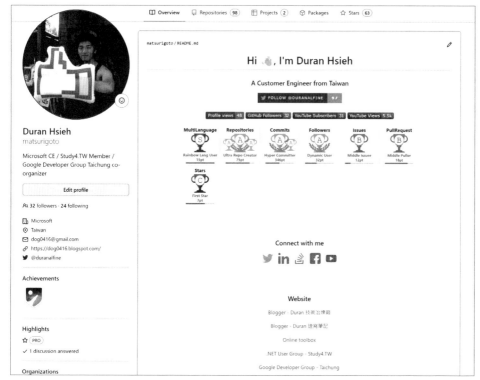

▲ 高度客製化個人資料，可以讓其他人感到興趣或找到有用的資訊

📄 問題排除

若您在設置過程不順利，請檢視是否滿足下列條件。在滿足下列條件情況下，GitHub 會自動於個人資料頂部顯示自訂的 README：

1. 建立了一個名稱與您的 GitHub 使用者名稱相同的 Repository。

2. Repository 類型必須是公開的。

3. Repository 在目錄中必須包含一個名為 README.md 的檔案。

4. README.md 內不得為空，需要包含任何內容。